TURING 图灵原创

自制
深度学习
推理框架

傅莘莘 —————————— 著

U0280375

人民邮电出版社

北 京

图书在版编目（CIP）数据

自制深度学习推理框架 / 傅莘莘著 . -- 北京 ： 人
民邮电出版社， 2025. --（图灵原创）. -- ISBN 978-7
-115-66258-3

Ⅰ . TP181

中国国家版本馆 CIP 数据核字第 2025S1G786 号

内 容 提 要

本书"手把手"带领读者实现深度学习推理框架，并支持大语言模型的推理。

全书共 9 章，以实现开源深度学习推理框架 KuiperInfer 为例，从基础的张量设计入手，逐步深入讲解计算图、核心算子等关键模块的设计与实现。此外，书中还介绍了如何支持基于 CNN 的模型，如 ResNet、YOLOv5，以及大语言模型 Llama 2 的推理。书中代码基于 C++，贴近业界实践。

本书面向深度学习初学者、希望进一步了解深度学习推理框架的开发者，以及其他对相关内容感兴趣的 AI 从业者。跟着本书，你不仅能够掌握深度学习推理框架的核心知识，还能在本项目的基础上进行二次开发。

◆ 著　　　　傅莘莘

责任编辑　刘美英

责任印制　胡　南

◆ 人民邮电出版社出版发行　　北京市丰台区成寿寺路11号

邮编　100164　电子邮件　315@ptpress.com.cn

网址　https://www.ptpress.com.cn

涿州市京南印刷厂印刷

◆ 开本：800×1000　1/16

印张：13.25　　　　　　　2025 年 3 月第 1 版

字数：313 千字　　　　　　2025 年 3 月河北第 1 次印刷

定价：79.80元

读者服务热线：(010)84084456-6009　印装质量热线：(010)81055316

反盗版热线：(010)81055315

前　　言

KuiperInfer 的由来

2021 年，我担任一家公司的深度学习算法工程师。那时，深度学习算法正推动各行各业蓬勃发展，市场对相关专业人士的需求很大，即便是像我这样的初学者也有机会进入大型公司从事相关工作。然而，我当时对卷积、池化等概念的理解并不深入，只是模糊地知道如何像搭积木一样将不同的层逐个叠加，形成各种结构的神经网络模块。接着，我会使用不同任务的图像数据进行训练，不断调整模型，直到它能够在特定任务上达到满意的性能表现。

有一天，我在网上看到一位博主用 Python 和 NumPy 讲解卷积操作的实现原理，这启发了我。我开始思考是否可以使用 C++ 来实现这些算法，以期获得更好的性能。于是，我开启了用 C++ 实现卷积、池化、全连接等神经网络算子的项目。到 2022 年年初，我完成了一系列算子的开发。

完成这些算子的开发后，我又开始思考如何将它们有效地组合起来。受到 Caffe 框架的启发，我开发了一个算子管理模块，并利用 PNNX 工具将训练后的模型接入 NCNN 的推理框架。这样，到 2022 年年中，一个深度学习推理框架的初步版本就诞生了。随后，我继续完善这个框架，逐步添加对 YOLOv5、ResNet、MobileNet 等主流视觉模型的支持（这些模型广泛应用于图像分类、目标检测等任务）。

当这些工作完成后，我为这个框架取名 KuiperInfer。Kuiper Belt（柯伊伯带）是天文学中的一个概念，指的是位于海王星轨道外的一个区域，那里充满了无数冰冻小天体、矮行星和小行星。我之所以选择这个名字，是希望框架能够像柯伊伯带中的小天体一样，虽然每个个体都很小，但当它们组合起来时，每个都贡献出自己的力量，最终形成一个庞大且强大的整体。这个名字也隐喻了开源社区中团体和个人的关系：每个人都可以贡献自己的力量，共同创造出伟大的开源项目。

2022 年年底，我决定将自己的经验整理成一套教程，通过视频讲解的方式发布到视频网站，形成一门公开课。公开课的目的是教授大家如何一步步手动实现一个简单但模块化的深度学习推理框架（后文有时简称"推理框架"或者"框架"）。在其中，我将分模块逐步制作推理框架，确保每个部分内容独立，便于学习者在遇到困难时仍能理解整体框架，这也是公开课的一大特点。

整个推理框架使用 C++实现，主要运行在 x86 硬件架构上。为了提高数据处理速度，我利用 x86 上的 Intrinsic 指令进行向量化计算，同时，借助成熟的数学库加速复杂运算（如广义矩阵乘法和向量加法等）。这样做的目的是将整体推理时间控制在可接受的范围内，从而确保框架的高效性。

2023 年年初，我将 KuiperInfer 框架及公开课的相关信息开源在了 GitHub 社区（https://github.com/zjhellofss/KuiperInfer，同样取名为 KuiperInfer）和 B 站（https://space.bilibili.com/1822828582）。截至本篇内容写作之时，项目 Star 已经超过了 2500。公开课之所以能够在众多编程课中获得一定的关注与喜爱，主要得益于以下几点。

首先，实用为先，杜绝泛泛而谈。虽然一些聪明且经验丰富的学习者可能凭借理论快速上手，但对于大多数学习者来说，仅有理论学习而缺乏实战环节，往往难以达到预期目标。因此，我"手把手"带大家从零开始一步步实现推理框架的每个模块，尤其是在复杂代码的实现上，详细解析其背后的设计，帮助大家更好地进行实战演练。

其次，注重透明化地解析框架的内部机制。尽管市面上有许多深度学习推理框架（如 TensorRT、TFLite 和 NCNN 等）可供选择，但大多数使用者只是将它们视为黑盒工具，通常仅通过框架自带的转换工具对训练好的模型进行转换，再通过相应的编程语言接口加载转换后的模型和输入数据。虽然这种使用方式能满足大家的基本需求，但对于喜欢深入探究的开发者来说，显然是不够的。大家想理解在推理框架的输入与输出之间究竟发生了什么，以及为何能够得到准确的计算结果，这恰恰是我的框架和公开课能提供的。

再次，设计简单却又不失细节。为了追求多平台的兼容性和极致的性能，商用深度学习推理框架往往设计得非常复杂，在代码结构和实现上做了高度优化，一些学习者希望通过深入研究其代码来全面了解推理框架的工作原理，但往往会迷失在海量的代码中。KuiperInfer 设计简单，专注于单一平台，且逐一展示了关键算子的计算过程和实现细节，弥补了学习商用框架过程中的不足。

最后，我的项目提供了完整的源代码和视频教程，这为学习者提供了巨大的便利。学习者可以自由查看、学习和修改代码，也可以反复观看视频，这就为全面掌握深度学习推理框架的构建过程提供了绝佳的资源。

关于本书

随着越来越多的学习者加入公开课，我意识到，为了让更多的学习者系统地学习并掌握深度学习推理框架的构建过程，图书作为一种更加系统化的学习资料，无疑可以为学习者提供更为全面和深入的帮助。因此，在前述公开课的基础上，经过多方面的完善与拓展，你手中的这本书就诞生了！

本书特色

除了全面兼容公开课的优点，本书还在以下方面进行改进与增强。

- **补充基础知识**

  为了让读者在构建推理框架时能够更好地理解背后的理论，我在书中添加了更多的基础知识，包括核心算子的工作机制以及推理过程中的数学基础等。这些内容为读者提供了扎实的理论支持，确保在面对复杂的实现时更能游刃有余。

- **优化代码实现**

  公开课重点讲解了如何手动实现推理框架的核心模块，并展示了部分算子的实现。为了确保读者能够更好地理解和使用这些代码，我在书中对核心算子进行了优化与扩展，补充了更多的注释与说明，确保代码实现更为清晰、易于理解。

- **内容鲜活、图文并茂**

  在公开课的基础上，本书更加详细地讲解了每个模块的设计思路和实现细节。另外，根据大家在学习相关内容的过程中遇到的问题，书中专门为重点与难点内容绘制了详细的图示，为核心代码实现做了详细的说明，帮助读者深入理解框架中每个部分的作用与协作机制。

- **提供系统化的学习路径**

  本书通过精心安排的章节顺序，形成了一条系统化的学习路径。每一章的内容都紧密相连，引导读者从最基础的概念和模块开始，逐渐深入到推理框架的完整实现。书中大部分章后提供了丰富的练习题，帮助读者检验学习成果并巩固所学知识。

主要内容

本书带领读者从零开始实现一个完整的深度学习推理框架 KuiperInfer。本书内容共计 9 章，所有章节紧扣实战，强调框架组件的设计与实现，特别关注算子、计算图、模型推理等核心模块。这样的章节设计旨在确保读者不仅能掌握理论，还能通过动手实践深入理解推理框架的工作原理。书中提供详细的实现与调试代码，帮助读者获得可实操的推理框架搭建经验，为日后深入优化和扩展框架提供坚实的基础。

第 1 章　深度学习推理框架基础　概述深度学习推理框架的定义和功能，介绍代表性框架及 KuiperInfer 的设计原则，并指导环境配置与依赖安装，为后续框架设计与实现奠定基础。

第 2 章　张量的设计　介绍张量的概念、数据存储方式及其在推理框架中的作用，详细讲解 KuiperInfer 中张量类的关键方法。

第 3 章　计算图的设计　解释计算图的基本概念，剖析 PNNX 计算图结构，并通过面向对象编程的思想来封装计算图的属性和接口。

第 4 章　计算图的构建　深入阐述 KuiperInfer 的计算图的构建流程，包括计算节点的执行顺序、拓扑排序及其编程实现。

第 5 章　算子和算子注册器的设计与实现　探讨 KuiperInfer 中算子注册器的设计与实现，重点实现 ReLU 算子并验证其功能。

第 6 章　池化算子和卷积算子的实现　实现 KuiperInfer 中的池化算子和卷积算子，讲解其算法原理及实现步骤。

第 7 章　表达式算子的实现　介绍 KuiperInfer 中表达式算子的实现，涵盖抽象语法树的构建及操作序列的执行流程，讲解如何通过表达式算子完成数值或逻辑计算。

第 8 章　支持 ResNet 和 YOLOv5 推理　实现 KuiperInfer 对 ResNet 和 YOLOv5 的推理支持，讲解模型执行流程及算子的补充实现。通过拓扑排序和计算节点的执行，完成图像分类与目标检测任务。

第 9 章　支持大语言模型的推理　讲解如何使 KuiperInfer 支持大语言模型 Llama 2 的推理，深入分析大语言模型的架构与关键模块，旨在确保读者掌握大语言模型算子的计算细节与实现方法。

配套视频

为了帮助读者更直观地理解书中的内容，我按照本书的章节设计重新制作了之前的系列视频，作为本书的配套视频。前往我的 B 站个人空间（ID：我是傅傅猪）即可按章节查看相关视频，扫描以下二维码也可以定位到第 1 章的视频。

目标读者

本书的目标读者主要包括以下几类人群。

1. 深度学习初学者

本书特别适合那些对深度学习框架（尤其是推理框架）感兴趣，但对相关概念和实现细节还不太熟悉的初学者。本书从最基础的模块开始，逐步引导初学者理解深度学习推理框架的构建，帮助他们建立坚实的理论基础和实践能力。书中简洁的基础理论、通俗易懂的图示、详尽的代码实现，都能让初学者快速掌握核心概念和技术。此外，本书提供了深入的框架实现细节，帮助他们理解如何从零开始手动实现一个深度学习推理框架。书中针对推理框架中的各个算子和数学运算的讲解，能够帮助初学者更好地掌握深度学习推理框架的工作原理。

2. 希望进一步了解深度学习推理框架的开发者

对于那些已经使用现有推理框架（如 TensorRT、TFLite、NCNN 等）但希望深入了解这些框架背后实现机制的开发者，本书提供了一个完整的框架实现过程，让他们通过对比学习，深入理解推理框架的工作原理，而不仅仅是将其作为黑盒使用。

3. 其他对相关内容感兴趣的 AI 从业者

勘误

在本书的编写过程中，我已经尽力确保内容准确无误，但由于技术内容的复杂性和编写过程中可能出现的疏漏，部分内容可能仍存在不严谨之处。在此，恳请各位读者提供反馈，帮助改进。关于本书的任何问题，大家都可以通过图灵社区与我交流。本书图灵社区主页为 ituring.cn/book/3365，在主页上找到"勘误"选项卡即可提交勘误。已经确认的勘误将会在后续重印版本中予以更正。

致谢

感谢所有参与公开课的朋友。正是你们的热情参与，推动了我在深度学习推理框架方面的不断探索。也正是有了你们，这门公开课才在业内产生了更大的影响。在这里，我衷心地对大家说一声：认识你们，荣幸之至。

感谢所有为 KuiperInfer 项目贡献力量的开发者。你们在项目中贡献的每一行代码、对每一个问题的反馈、提出的每一个优化建议，都是这个项目不断改进的动力。谢谢你们。

感谢为本书建言献策的各位同学，感谢为本书写作和出版付出巨大心血和努力的刘美英老师和毛姗姗老师。另外，借本书出版的机会，特别感谢带我走入人工智能领域的杜晓风老师。

最后，感谢所有关心和支持我的家人、朋友。有了你们的陪伴，相信我会在这条路上走得更远。

目　　录

第1章

深度学习推理框架基础

本章首先概述深度学习推理框架的定义、功能及其在深度学习中的角色，帮助大家建立基本概念，接着介绍几个具有一定代表性的深度学习推理框架，随后探讨 KuiperInfer 的组成部分和设计原则。在此基础上，指导大家进行环境配置与依赖安装，包括数学库、单元测试库 Google Test 及日志库的安装、测试与配置，以及集成开发环境的使用等，为后面设计与实现深度学习推理框架打下基础。

1.1 推理框架概览

1.1.1 什么是深度学习推理框架

深度学习是实现人工智能的一种技术，它通过模仿人脑中的神经网络结构来处理数据和识别模式。截至目前，深度学习在图像识别、语音识别、自然语言处理等领域取得了显著的进展，这些领域都是人工智能研究的重要方向。深度学习技术已广泛应用于现代社会，相关的模型被部署于多种多样的场景之中。在我们日常生活的方方面面，几乎都能发现深度学习技术的应用。例如，在交通管理领域，"电子警察"通过对监控视频画面的实时分析，在各个路口对驾驶员的驾驶行为进行监控，检测逆行、违章变道、不礼让行人等一系列违规行为。在这一过程中，深度学习模型会识别每一帧画面中的车辆，并精确地定位它们，然后通过建立帧与帧之间的动态轨迹模型预测车辆的位置，从而完成轨迹与车辆位置的精确匹配。

在上述示例中，深度学习技术有效性的关键在于能否对每一帧图像进行准确且高效的目标位置检测。"准确"要求深度学习技术对视频图像帧内所有车辆进行精确的坐标检测，同时尽量避免错误识别。"高效"则要求深度学习技术在有限的硬件资源下具有处理多个视频流的能力，同时尽可能地提高计算单元的有效使用率，从而提高对每一帧图像的推理预测速度。深度学习模型在这一场景中扮演着核心角色。模型首先读取输入的视频图像帧，然后通过卷积、池化以及激活等一系列计算提取图像中的关键特征，从而逐步确定图像中目标物体的位置。为此，我们需要用到深度学习推理框架（后文有时将其简称为"推理框架"）。

深度学习推理框架会接入并解析训练完毕的深度学习模型，并读取模型中每一层的参数和权重。通常来说，模型由多层组成，通过对输入图像进行逐层计算，得到最终的输出结果。因此，深度学习推理框架根据模型文件构建模型后，每次进行预测时还需要对用户输入的图像进行预处理，随后调用模型对预处理后的图像进行逐层计算，得到最终的推理预测结果。对于图像分类任务，深度学习推理框架的预测结果是该图像的类别；对于目标检测任务，深度学习推理框架的预测结果是该图像中目标物体所在的位置，以此类推。

1.1.2　代表性深度学习推理框架

如今，深度学习推理框架的分工日益明确，出现了针对不同硬件环境的各种框架。下面选取具有一定代表性的推理框架，并从优势和不足两个方面进行简单介绍。

1. TensorRT

TensorRT 是英伟达专为高性能的深度学习推理优化的引擎，旨在最大化推理性能并最小化延迟，同时保持模型精度。作为一种通用的推理引擎，TensorRT 展现了跨框架的极高适配性，支持基于多种深度学习框架的模型，如 TensorFlow、PyTorch、ONNX。它被广泛应用在计算机视觉、自动语音识别、自然语言处理、语音转文本以及推荐系统等多个领域，成为业界首选的推理框架之一。

- **优势**

□ 跨框架适配与自定义灵活性：TensorRT 不仅能够无缝接入并优化各种具有复杂网络结构的模型，而且在模型结构兼容性方面表现出色。此外，它还提供了便捷的自定义算子开发接口，使得即便是对深度学习不太熟悉的普通用户，也能轻松加载和部署模型。这种高适配性和灵活性极大地降低了推理框架的使用门槛。

□ 精度优化与边缘设备支持：TensorRT 通过模型剪枝、量化等策略，确保即使在计算资源有限的边缘设备（如自动驾驶系统和物联网设备）上，也能实现精确且实时的推理。TensorRT 支持 FP32、FP16、INT8 等多种精度模式，尤其是 FP16 和 INT8 模式，能够显著提升推理速度并降低内存带宽需求，非常适合资源有限的设备。

□ 大型数据中心优化：TensorRT 不仅在边缘计算中表现出色，也能为大型数据中心提供快速、低延迟的图像、视频和文本分析服务，确保数据处理的高效性和实时性。这使得TensorRT 成为从边缘到云端的各类场景的理想选择。

- **不足**

□ 引擎（engine）文件兼容性问题：在不同 GPU（Graphics Processing Unit，图形处理单元）和 CUDA（Compute Unified Device Architecture，计算统一设备体系结构）运行时环境中生成的 TensorRT 引擎可能不通用，用户在跨设备部署时需要重新优化或编译生成新的引擎。

这对于需要频繁更新和支持多个架构显卡的项目来说，会增加额外的维护成本和工作量。

❑ 报错信息不完善：在执行 TensorRT 推理时，报错信息有时不够详细，用户需要依赖自身的经验来定位和解决问题。另外，有一部分报错可能是由 TensorRT 框架算子支持的类型有限导致的，对于一些较为复杂的或不常见的算子，TensorRT 未直接支持。在这种情况下，开发者需要花费额外的时间自定义算子并以插件的形式注册，这增加了开发的复杂性和难度。

❑ 学习曲线陡峭：由于核心源码并未开源，因此用户无法直接查看和理解 TensorRT 的内部实现，这使得 TensorRT 的学习曲线较为陡峭，尤其是对于希望深入理解推理框架设计的用户来说。

❑ 硬件设备兼容性问题：由于 TensorRT 推理框架只支持英伟达显卡，因此在需要同时支持英伟达和其他厂商硬件的项目中，用户不得不使用多个推理框架，这增加了开发和维护的复杂性。另外，TensorRT 的部署需要安装相应的 CUDA 工具包等，在不同的操作系统和硬件平台上，安装和配置过程也会存在差异，这增加了部署的难度和复杂性。

2. TensorFlow Lite

TensorFlow Lite（简称 TFLite）是一个轻量级、快速、跨平台的机器学习框架，专为移动和物联网应用设计。作为开源机器学习平台 TensorFlow 的一个重要组成部分，TFLite 在多个方面展现出独特的优势。

● 优势

❑ 轻量化设计与高效部署：TFLite 的核心运行库非常小巧，基本运行库约 100 KB，加上一些常用功能，也仅约 300 KB。这种小体积使得 TFLite 在嵌入式设备上的部署更加可行，尤其适用于存储空间有限的设备。另外，该推理框架通过对模型有效应用数据量化、稀疏和算子优化等技术，能够显著减小模型的存储体积。这对于资源受限的移动和嵌入式设备来说至关重要，可以有效地节省存储空间。

❑ 硬件加速与优化：TFLite 提供了一套专为端侧设备优化的算子库，能够调用各种硬件加速器（如 DSP、GPU 或专用 AI 芯片）进行高效推理，减少计算时间并降低能耗。例如，在支持 GPU 加速的安卓设备上，TFLite 可以利用 GPU 的并行计算能力加速模型的推理过程，提高应用[①]的响应速度。

❑ 有效的内存管理：TFLite 通过低精度量化技术优化内存管理，在内存资源有限的设备中，该框架甚至可以使用单一内存块进行张量分配和复用，这种方法能显著减少内存占用，提高推理效率。

---

① 本书使用应用或应用程序，视具体情况而定。

□ 丰富的示例程序和开发接口：TFLite 提供了小型模型及其配套的示例程序，开发者可以使用 TFLite 提供的 Python、Java、Swift 等语言的 API 方便地将模型集成到自己的应用程序中。同时，框架还提供了一些工具，如模型转换工具、性能分析工具等，帮助开发者更好地管理和优化模型。

● 不足

□ 支持的运算符有限：与 TensorFlow 相比，TFLite 支持的运算符较少，导致某些复杂模型可能无法直接转换，而必须经过额外修改以适配 TFLite，否则在转换过程中会出现错误。

□ 服务器端优化不足：尽管 TFLite 主要针对移动设备进行了优化，但在服务器端（尤其是在 x86 和英伟达硬件平台上）的性能优化相对不足，因此在需要实时处理大量数据的应用场景中，TFLite 的性能可能无法满足需求。

3. Core ML

Core ML 是苹果公司为 iOS、macOS、watchOS 和 tvOS 开发的机器学习框架，专门用于在苹果设备上高效地集成机器学习功能。通过 Core ML，开发者可以轻松地将智能功能融入应用程序，提升用户体验。

● 优势

□ 轻量化设计与高效性：Core ML 支持多种机器学习模型，包括线性回归、支持向量机以及复杂的神经网络等。开发者能够把现有的模型转换为 Core ML 格式，并在 Xcode 中直接集成使用，Core ML 会自动处理模型的加载、验证和优化过程，确保模型在苹果设备上高效运行。这种自动化的处理机制简化了开发流程，使得开发者能够更专注于应用层面的创新。

□ 硬件加速与平台优化：Core ML 框架的核心组件能够智能地利用苹果设备的硬件资源，如 CPU、GPU 和 Neural Engine（神经网络引擎）。这一层次的优化确保模型能够充分发挥苹果硬件的性能优势，实现快速、低功耗的推理过程。此外，Core ML 对模型进行了针对性的优化，使得即便在苹果移动设备等资源有限的环境中，模型也能高效运行，同时不会对设备的电池续航造成过大的影响。

□ 简洁的 API 与生态系统整合：Core ML 提供了一套简洁的 API，使得开发者能够轻松地加载并运行模型。此外，Core ML 能与苹果的开发工具（如 Xcode）深度集成，支持开发者在苹果的生态系统内快速部署机器学习模型。借助这些工具，开发者可以轻松进行模型的调试和性能优化，无须深入了解底层硬件细节。

- **不足**

- 平台和硬件局限性：Core ML 只能在苹果设备上使用，这严重限制了其应用范围。如果想要使用 Core ML，就必须专门针对苹果设备进行开发，增加了开发的复杂性和成本，无法实现一次开发、多平台部署。另外，Core ML 的高性能依赖于苹果设备的硬件加速器（如 Neural Engine），在不具备这类硬件加速器的旧款设备上，模型推理性能可能会有所下降。

- 闭源特性：Core ML 作为苹果公司的专有技术，并不是一个开源框架。尽管提供了公开的文档和 API，但其核心实现未对外开放。这意味着，和 TensorRT 的使用者一样，Core ML 的使用者无法查看其内部实现，这让使用者难以了解其具体的工作机制。同时，Core ML 虽然支持多种机器学习模型类型，但是与一些通用的深度学习框架相比，它所支持的模型和算法的种类仍然较少。所以，当开发者需要一些特殊的、较为复杂的模型或算法时，Core ML 可能无法提供良好的支持，这在一定程度上限制了模型结构的优化和调整。

4. NCNN

NCNN 是腾讯优图实验室开源的一个高性能神经网络推理框架，专为移动设备和嵌入式设备设计。NCNN 的轻量级、跨平台、高效能的特点使其在资源有限的环境中表现尤为出色。

- **优势**

- 轻量化设计与独立性：NCNN 不依赖任何第三方库，这意味着在将其移植到新环境时，只需关注框架本身的兼容性，无须担心对其他库的依赖问题。这种设计极大地降低了部署成本和复杂性，同时确保了其在移动设备上的卓越运行性能。此外，NCNN 的核心框架体积小巧，非常适合在存储空间有限的设备上运行。

- 跨平台支持与硬件优化：NCNN 具备出色的跨平台特性，支持 ARM、LongArch（龙芯）、MIPS、RISC-V 等多种架构。框架使用标准 C++ 语言编写，确保了高效性和良好的可移植性。在底层神经网络计算部分，NCNN 能够自动检测当前运行的硬件平台，并利用该平台的 Intrinsic 指令用单指令流多数据流（SIMD）来加速计算。这种灵活性和可扩展性使 NCNN 能够在各种场景下保持出色的计算性能。

- 广泛的硬件支持：为了进一步优化性能，NCNN 利用了 ARM NEON 指令集以加速张量计算，并支持 Vulkan 后端，这些硬件加速库能够在支持 Vulkan 的 GPU 上进行高效并行计算，从而在移动设备上显著提升推理速度。

- 灵活的模型转换：NCNN 提供了模型转换工具，能够将训练好的模型（如来自 Caffe、ONNX 等框架的模型）转换为 NCNN 格式，并进行算子融合等优化处理。这种转换不仅保留了模型的精度，还能显著减小模型的体积，使模型更符合嵌入式设备的部署要求。

□ 优化的推理性能：NCNN 使用统一的内存池和张量分配策略，减少了内存碎片并提高了推理效率。NCNN 也支持对模型的量化（如 INT8 量化）以及配套易用的量化工具，在不显著降低模型精度的情况下，进一步减少计算量和内存占用，实现实时推理。

● **不足**

□ 支持的运算符有限：与其他较为成熟的推理框架相比，NCNN 支持的运算符有限，而且其开发人员规模及开发进度不如一些商用推理框架，这使得它在运算符的丰富度和更新速度上相对滞后。这种情况可能导致部分复杂的深度学习模型无法直接在 NCNN 上进行推理，开发者不得不对模型结构进行调整以适应 NCNN 的限制或者直接选用其他深度学习推理框架。例如，对于 Llama 和 GPT 等具有大规模参数的语言模型，NCNN 并没有提供原生支持。这在一定程度上限制了 NCNN 在大语言模型方面的应用。

□ 显卡加速受限：NCNN 虽支持 Vulkan 后端来提升 GPU 推理性能，但该功能依赖设备对 Vulkan 的支持，并且在不同设备上的性能表现存在差异。另外，NCNN 未支持 CUDA 这一在英伟达显卡上广泛应用的加速生态，这使得 NCNN 在推理较大规模参数的模型时表现欠佳，因此它只能将重点放在嵌入式和端侧领域，而无法充分利用服务器端英伟达显卡的强大计算能力。

□ 缺乏有力的技术支持：NCNN 缺乏成规模的专业技术支持团队，在遇到问题时，开发者主要依赖其他社区开发者的协助。社区开发者虽然热情且具有一定的技术能力，但这种支持往往具有不确定性和不稳定性。而且，社区提供的解决方案可能存在多样性和不一致性，这也给开发者在选择和应用解决方案时带来了困扰。

1.2 KuiperInfer 简介

在前言中，我们已经简单介绍了 KuiperInfer 项目的由来。这是一个自制的深度学习推理框架，也是网上同名公开课的名称，在 GitHub 和 B 站上都获得了一定的关注。接下来，我们简单看看 KuiperInfer 的组成部分及设计原则。

1.2.1 KuiperInfer 的组成部分

深度学习推理框架是一个复杂的系统，它涉及多个层次的组件，从硬件到软件，每个部分都扮演着重要的角色。为了清晰地理解深度学习推理框架的不同组件及其交互方式，我们可以将 KuiperInfer 上下游及主要部分按照硬件和软件的抽象级别以及在推理过程中起到的作用进行分层。

1. 硬件层

硬件层是深度学习推理框架的物理基础，为深度学习推理框架执行计算提供硬件资源。它是深度学习推理框架的基础设施，而非框架本身的一部分。KuiperInfer 的硬件层包括各种类别的计算单元，如 CPU、GPU、TPU 等，是执行深度学习模型中数学运算的关键硬件。

2. 系统软件层

系统软件层提供了深度学习推理框架与硬件交互的软件基础，确保硬件资源得到有效的管理和使用。它提供计算任务调度、内存管理、文件系统管理等基本功能。

尽管硬件层和系统软件层并不直接包含在深度学习推理框架中，但它们在推理过程中发挥着至关重要的作用。当我们调用 KuiperInfer 的算子进行计算时，算子的实现会被编译为设备的目标二进制文件，再通过底层运行时接口对算子的计算过程进行调度，并将结果存储在对应的输出位置。

3. 算子库

KuiperInfer 实现了一系列神经网络层，也被称为算子，其类型包括卷积层、池化层、激活层等。这些层是执行神经网络计算的基本单元，被按照一定的结构组织和注册。深度学习推理框架通过对这些基本单元进行高效优化，提升了在设备上的执行效率。在算子的计算过程中，与每个算子相关联的输入数据会经过特定的计算或处理，然后被写入输出中。在这个过程中，我们会选择最适合当前平台的优化实现方式。

如果算子库中没有提供某类型算子的任何实现，系统则会抛出一个错误，表明当前不支持该类型的算子。待算子初始化完成后，就可以调用与算子相关的计算过程，进行神经网络的前向推理计算。这样的设计使得 KuiperInfer 既能够提供出色的计算性能，又能够保持足够的灵活性和可扩展性，以满足不同场景的需求。

4. 模型加载模块

KuiperInfer 支持用户通过模型文件来导入特定格式的神经网络模型。当 KuiperInfer 读取模型文件时，模型加载模块会根据模型文件中记录的算子数量、类型以及所需的输入/输出张量信息来初始化算子。模型加载完成后，KuiperInfer 会预先分配空间用作存储，指定并保存算子输入/输出张量的形状并建立算子之间的连接关系，确保一个算子的输出数据能够正确传递到下一个算子的输入张量中。对于包含权重的节点，模型加载模块还需要从模型文件的对应位置加载权重参数到算子中，以便后续进行正确的计算。

5. 平台支持模块

在硬件平台支持方面，我们对广泛使用的 x86 架构进行了专门的优化，本书的项目利用该架构的 SIMD 技术显著提高了数据处理速度。对于非 x86 的平台，我们采用标准 C++ 语言编写了标量版本的运算过程。尽管这种方法可能不如特定硬件加速那么高效，但现代 C++ 编译器能够对这些代码进行优化，以生成高效汇编指令的形式提升性能。由于我们的推理框架在硬件平台管理上采用了简化的设计，且专为单一平台打造，因此我们无须处理多平台之间的数据复制和同步问题，也无须在不同平台之间实现硬件相关操作的兼容性。

6. 内存管理模块

在内存管理方面，我们设计并实现了一种与张量紧密相关的存储和管理机制，专门用于处理和传递深度学习推理框架中的数据。这种机制确保张量内能根据对张量所属的某一片内存区域的引用情况，自动执行内存分配与回收操作。此外，张量类也提供了一系列方法，这些方法支持对同一内存区域的复用请求，并支持对内存中特定位置的数据的读取和处理，确保在后续的计算过程中能够有效地利用内存资源。

为了保持设计的简洁性，我们的张量类没有提供可供上层用户替换或修改内存申请行为的内存分配器接口。目前，我们的实现仅支持 NCHW 这一数据排布格式，并且仅限于在 CPU 平台上进行内存区域的申请和管理。对于其他异构平台上的内存分配和管理，我们的实现尚未提供支持。

7. 推理框架的扩展性

在扩展性方面，我们自制的深度学习推理框架运用注册机制向内部添加新类型的算子，只要新算子遵循特定的格式定义，即可完成注册，同时不会影响对原有模型的推理过程。若要支持新模型，只需将 PyTorch 格式的模型导出为本书特定格式的计算图，并逐一实现该模型中尚未支持的算子，便可达成对新模型的支持。基于此，在本书的推理框架中，我们顺利实现了对 ResNet、YOLOv5 以及 MobileNet 等模型的支持。

1.2.2　KuiperInfer 的设计原则

在设计 KuiperInfer 推理框架时，我们遵循了“小而全”的原则，力求在保持项目精简的同时涵盖必要的功能模块。作为一个个人项目，我们深知从零开始开发各个部分所面临的挑战，包括所需的精力、专业知识和资源。因此，在实现各个模块时，我们着重于核心功能的开发，并在一定程度上借用了第三方库来完成相关的辅助功能，比如我们需要用到第三方数学库中的矩阵乘法、向量加法、向量内积等功能，以及部分内存管理和单元测试等。

以下是在开发 KuiperInfer 的过程中遵循的几个设计原则。

(1) 简洁而非复杂：我们追求的是最小化的实现，即用尽可能少的算子来支持计划内的多个深度学习模型。我们避免盲目地提供一个包含多种优化方式的“广而全”的算子库，因为这将给日后的维护工作带来巨大的压力，而且我们在保证正确的前提下只为每个算子提供一种实现方式，这种开发方式有助于降低维护难度，对项目的长期稳定发展具有重要意义。

(2) 合理利用第三方实现：我们的目标并非传授如何对单一算子进行极致优化，而是构建一个完整且精简的推理框架。因此，在实现诸如矩阵乘法、向量加法、向量内积等运算时，我们部分依赖于性能卓越的第三方数学库，如 OpenBLAS。这些库已经过广泛验证，能够确保在最终使用其算子进行推理时，速度处于可接受的范围之内。如果有对特定算子进行优化的需求，我们会考虑使用更高级的技术来进一步提升运算速度。

(3) 明确的模块分层：我们追求的不仅是功能的实现，更是构建一个结构清晰、实现优雅的项目。模块化的设计使得项目更易于理解、扩展和增强。例如，要实现一个新的算子类型，只需继承算子基类，重写相关方法，并将其注册到项目中即可，而无须对项目的其他部分进行大规模修改。这种设计原则不仅提高了开发效率，而且有助于保持项目的整洁和可维护性。

(4) 良好的单元测试和性能测试：两者都是高质量商业项目不可或缺的部分。我们的单元测试覆盖了项目中的所有计算过程，确保对每个算子以及同一个算子在不同情况下的表现进行全面测试，从而保证其针对不同输入的计算结果是正确的。同时，我们进行了性能测试，以便在开发过程中直观地感受算子写法的不同对最终性能的影响。当我们采用某种优化策略后，性能测试的结果将成为评估该策略是否成功的直接依据。规范的做法旨在帮助大家通过本项目养成良好的编程习惯，掌握完整、成熟的项目经验。

1.3　环境配置与依赖安装

在开始正式学习之前，请确保已经安装了所有必要的环境和项目依赖的第三方库。强烈推荐在 Ubuntu 20.04 及以上版本的操作系统环境下学习本书的内容，如果你使用的是 Windows 系统，也可以考虑通过 Windows Subsystem for Linux（WSL）安装 Ubuntu 子系统。尽管大家可以根据个人喜好选择操作系统，但为了避免潜在的问题和降低复杂性，更建议大家在 Linux 环境下学习。

为了帮助大家应对环境安装过程中可能遇到的挑战，我们特别准备了 Docker 镜像 registry.cn-hangzhou.aliyuncs.com/hellofss/kuiperinfer:latest，以便大家快速准备好学习本书所需的开发环境。接下来，我们将安装 C/C++ 编译器，这是编译本书的深度学习推理框架所必需的。安装方法非常简单，如代码清单 1-1 所示。

代码清单 1-1　安装编译器

```
1.  sudo apt install gcc
2.  sudo apt install g++
```

当完成 C++ 编译器的安装后，我们可以使用 g++ --version 命令检查编译器的版本。由于本项目用到了 C++17 中的新特性，因此大家需要自行查询编译器版本对 C++17 的支持情况。用 apt 包管理器默认安装的 C++ 编译器版本是 9.4.0，完全支持本项目用到的 C++ 特性。

1.3.1　数学库的安装

正如上文所述，我们的深度学习推理框架项目依赖于第三方数学库来执行矩阵运算。我们选择 Armadillo 库，因为它以简洁的接口和丰富的文档支持而著称。Armadillo 对底层数学库 OpenBLAS 进行了轻量级封装，提供了丰富的接口，而实际的计算操作则由 OpenBLAS 完成。因此，在安装 Armadillo 之前，我们需要先安装以下依赖库：

- ❑ cmake
- ❑ libopenblas-dev
- ❑ liblapack-dev
- ❑ libarpack2-dev
- ❑ libsuperlu-dev

这些依赖库可以通过 Ubuntu 的 apt 包管理器安装，如代码清单 1-2 所示。如果追求更高的运算性能，大家可以对 OpenBLAS 库进行源码编译安装，以便在编译的过程中针对特定的硬件平台进行优化。

代码清单 1-2　安装依赖库

```
1.   sudo apt install libopenblas-dev \
2.   liblapack-dev libarpack2-dev libsuperlu-dev
```

当安装完以上依赖库后，我们就可以开始安装 Armadillo 了。该数学库的源码包可直接从它的官网（https://arma.sourceforge.net/download.html）下载，我们下载的为稳定版本（版本号为12.8.2）。下载之后，将源码包放到 Ubuntu 系统中，具体的操作步骤及其对应的命令如下所示。

(1) 对源码包进行解压缩，源码包的版本可能会因为时间而略有差异：`tar -xf armadillo-12.8.2.tar.xz3002`。

(2) 进入解压缩后的文件夹，创建编译目录：`mkdir build`。

(3) 生成编译文件：`cmake -DCMAKE_BUILD_TYPE=Release..`。

(4) 对 Armadillo 数学库进行编译：`make -j8`。

(5) 对编译好的数学库进行安装：`sudo make install`。

1.3.2　对数学库的测试

安装完数学库后，我们可以在任意目录下创建一个 demo.cpp 文件来验证库的功能。写入 demo.cpp 的测试代码如代码清单 1-3 所示。

代码清单 1-3　数学库的测试代码

```
1.   #include <armadillo>
2.   #include <iostream>
3.
4.   int main() {
5.       using namespace arma;
6.
7.       arma::fmat a1 =
8.           "1,2,3;"
9.           "4,5,6;"
10.          "7,8,9;";
11.
12.      arma::fmat a2 = a1;
13.      std::cout << a2 * a1 << std::endl;
14.
15.      return 0;
16.  }
```

在代码清单 1-3 中，我们执行了以下操作：

□ 创建一个 3×3 的矩阵 a1，该矩阵的值如代码中所示；
□ 将相同矩阵的值赋给一个新的矩阵 a2；
□ 将两个矩阵相乘，并将得到的结果打印出来。

随后我们使用命令 g++ demo.cpp -larmadillo -o run 对该 C++ 代码进行编译，如果出现编译错误，则需要考虑在 g++ 命令行中添加 -I，增加 Armadillo 数学库头文件的目录；添加 -L，增加 Armadillo 数学库库文件的目录。如下所示：

```
g++ demo.cpp  -I/path/to/include -L/path/to/lib -larmadillo -o run
```

接着我们尝试运行编译好的二进制文件，并将其命名为 run，随后直接在命令行中执行 ./run。最后得到的结果如下，可以看到程序计算出了矩阵 a1 乘以矩阵 a2 的结果，也就是两个值均为 1~9 的 3×3 矩阵相乘的结果，大家若感兴趣可以动手验算一下。

3.0000e+01	3.6000e+01	4.2000e+01
6.6000e+01	8.1000e+01	9.6000e+01
1.0200e+02	1.2600e+02	1.5000e+02

计算出这组值说明 Armadillo 数学库可以正确工作。如果编译出错，可以按上文所述，在 g++ 命令中添加头文件的目录和库文件的目录。

1.3.3　单元测试库 Google Test 的安装与配置

在构建深度学习推理框架的过程中，为了验证我们实现的功能的正确性，进行单元测试是不可或缺的一环。在本书中，我们使用单元测试库 Google Test。

单元测试的基本方法是为特定的输入值预设期望的输出值，然后将这些输入值传递给编写的方法并获取其计算输出。接着，将实际输出与预期输出进行比较，如果两者的差值在我们设定的阈值内，则说明该方法的实现是正确的。在编写单元测试时，我们需要针对各种边缘情况设置测试用例，以确保方法的正确性。

以下是单元测试库 Google Test 的安装过程和相关命令。

(1) 从 GitHub 中克隆（clone）单元测试库的代码：`git clone https://github.com/google/googletest.git`。

(2) 创建该单元测试库的编译目录：`mkdir build`，并进入这个文件夹。

(3) 创建 **makefile** 文件：`cmake -DCMAKE_BUILD_TYPE=Release..`。

(4) 执行编译：`make -j8`。

(5) 安装单元测试库：`sudo make install`。

Google Test 库默认安装的头文件的目录为/usr/local/include，库文件的目录为/usr/local/lib。

1.3.4　日志库的安装

这里我们将用同样的方法安装日志库 Google Logging（glog），安装过程和相关命令如下。

(1) 从 glog 的 GitHub 仓库中克隆代码：`git clone https://github.com/google/glog`。

(2) 使用 CMake 命令创建 **makefile** 文件。注意，要关闭两个编译选项：`cmake -DCMAKE_BUILD_TYPE=Release -DWITH_GFLAGS=OFF -DWITH_GTEST=OFF..`。

(3) 执行编译：`make -j8`。

(4) 安装日志库：`sudo make install`。

1.4　集成开发环境：CLion

为了深入掌握本项目，我们介绍一个功能强大的 C++ 集成开发环境——CLion。该集成开发环境为编程工作提供了全方位的工具支持，能帮助开发者在统一的软件界面中高效地完成代码编写、调试以及打包运行等一系列工作。CLion 拥有一系列显著特性，包括跨平台操作、智能编码辅助、便捷的代码导航与重构、强大的调试功能、版本控制集成、构建系统与编译器支持、良好的扩展性以及统一的用户界面等，这些都极大地提升了开发效率，同时降低了学习难度。当然，如果你已经习惯使用 C++ 开发环境，可以跳过本节的内容，本节旨在帮助未接触过 C++ 项目开发的读者更快地熟悉相关开发工具。

1.4.1　在 CLion 中查看文件

要在 CLion 中查看文件，首先需要在 JetBrains 官网下载并安装 CLion 开发工具，随后需要从 GitHub 上（https://github.com/zjhellofss/kuiperbook）下载与本书相关的所有代码。在使用 CLion 集成开发环境打开项目之前，我们可以在命令行中尝试编译这些代码，为此可以创建一个名为 build 的编译目录（使用 `mkdir build` 命令），然后进入该目录并使用 `cmake` 命令生成 makefile 文件。如果 CMake 生成过程无误，那么我们可以继续编译这个项目，编译成功之后就可以使用 CLion 打开这个项目路径了。当然，你也可以跳过这一步，直接在 CLion 中打开项目。具体打开方式如图 1-1 所示。

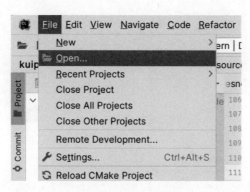

图 1-1　使用 CLion 集成开发环境打开本项目

首先在 CLion 软件菜单栏的 File 中选择 Open，然后选择项目所在的路径。打开项目后，我们先看看项目最外层的 CMake 文件，如代码清单 1-4 所示。

代码清单 1-4　项目最外层的 CMake 文件

```
1.  cmake_minimum_required(VERSION 3.16)
2.  project(kuiper_book)
3.
4.  add_subdirectory(course1_prepare)
5.  add_subdirectory(course2_tensor)
6.  add_subdirectory(course3_graph)
7.  add_subdirectory(course4_buildgraph)
8.  add_subdirectory(course5_layerfac)
9.  add_subdirectory(course6_maxconv)
10. add_subdirectory(course7_expression)
11. add_subdirectory(course8_resnetyolov5)
12. add_subdirectory(course9_llama2)
```

项目最外层的 CMake 文件包含 9 个子项目，对应于本书 9 章的代码目录。每个目录都包含一个二级 CMake 文件。当最外层的 CMake 文件被读取时，它会依次加载这些子目录中的二级 CMake 文件。以本章的代码目录 course1_prepare 为例（如代码清单 1-5 所示），该目录下包含一个 include 文件夹，用于存放本章相关的头文件；一个 source 文件夹，用于存放 C++ 源文件；一个 test 文件夹，用于存放单元测试相关的内容。此外，在 course1_prepare 目录下还有一个 CMake 文件，项目的最外层 CMake 文件会引用每章代码目录下的 CMake 文件。

代码清单 1-5 本章的 CMake 文件

```
1.  cmake_minimum_required(VERSION 3.16)
2.  project(course1_prepare)
3.
4.  set(CMAKE_CXX_STANDARD 17)
5.
6.  find_package(Armadillo REQUIRED)
7.  find_package(glog REQUIRED)
8.  find_package(BLAS REQUIRED)
9.  find_package(GTest REQUIRED)
10.
11. set(link_lib glog::glog GTest::gtest)
12. if (!WIN32)
13.     set(link_lib "${link_lib} pthread")
14. endif()
15.
16. set(link_math_lib ${ARMADILLO_LIBRARIES} ${BLAS_LIBRARIES} ${LAPACK_LIBRARIES})
17. aux_source_directory(./test DIR_TEST_ARMA)
18. aux_source_directory(./source DIR_SOURCE_ARMA)
19.
20. add_executable(course1_prepare main.cpp ${DIR_TEST_ARMA} ${DIR_SOURCE_ARMA})
21. target_link_libraries(course1_prepare ${link_lib} ${link_math_lib})
22. target_include_directories(course1_prepare PUBLIC ${glog_INCLUDE_DIR})
23. target_include_directories(course1_prepare PUBLIC ${GTest_INCLUDE_DIR})
24. target_include_directories(course1_prepare PUBLIC ${Armadillo_INCLUDE_DIR})
25. target_include_directories(course1_prepare PUBLIC ./include)
26.
27. enable_testing()
```

接下来我们仔细看看本章代码目录 course1_prepare 中的 CMake 文件。

第 1~4 行：确保 CMake 的版本号满足项目要求，并且设定了 C++ 的版本要求。

第 6~9 行：检查所需的第三方库是否可以被 CMake 检测到。如果按照前文的指导成功安装了这些库，通常不会在这里遇到问题。

第 17~18 行：指定该目录下源码的路径，即 source 和 test 两个文件夹。

第 20 行：列出指定目录中的源文件，以便后续编译成本章对应的可执行文件 course1_prepare。

第 21~25 行：配置所有必要的头文件和库文件目录，包括 Google Test 库和 Armadillo 数学库的路径，以便把它们链接到本章项目代码编译生成的可执行文件 course1_prepare 中。

在项目的根目录下的每个文件夹中都有一个 CMake 文件，用于管理该章的所有代码。如代码清单 1-4 所示，在 CMake 的最外层会将这些文件夹中的 CMake 文件组织起来。

1.4.2 使用 CLion 进行单元测试

在本书提供的代码中，目录 course1_prepare 的 test 文件夹里有一个名为 test.cpp 的源码文件。

这个文件中包含一个名为 `TEST(test_prepare,prepare1)` 的单元测试，用于验证数学库的基础运算功能。接下来我们将针对这个特定的单元测试进行操作。要添加这个单元测试，需要打开 CLion 集成开发环境，在菜单栏的 Run 中选择 Edit Configuration。这时，会出现如图 1-2 所示的界面。在此界面中，将 Test kind 设置为 Pattern，在 Pattern 文本框中输入 test_prepare.prepare1，并将 Target 设置为 course1_prepare，随后单击 Debug 按钮进行调试输出。

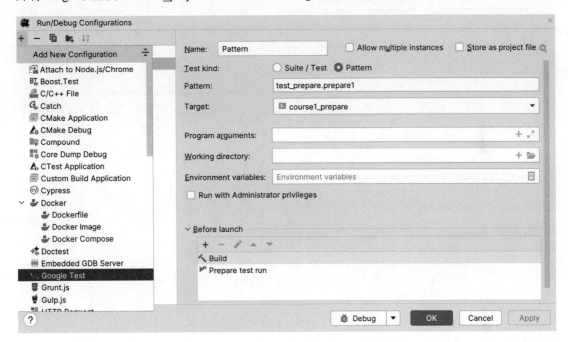

图 1-2　在 CLion 中添加一个单元测试

在该单元测试中，我们初始化了一个 3×3 的矩阵并对它进行赋值，随后用相同的值对另一个矩阵进行赋值，再将两个矩阵相乘得到最终的结果，并将结果打印输出，得到与 demo.cpp 相同的结果。

1.5　集成开发环境：VS Code

VS Code（Visual Studio Code）是一个功能强大且常用的代码编辑器，它支持 C++ 开发，可以作为 CLion 集成开发环境的开源替代品。VS Code 是众多开发者青睐的代码编辑器，具有诸多优点。首先，它轻量高效，运行时占用系统资源少，启动迅速，能流畅处理大小项目。其次，其插件生态丰富多样，有海量插件可供选择，涵盖多种编程语言和开发场景，能扩展功能且管理便捷。再次，编辑器在 Windows、macOS 和 Linux 上都能使用，为开发者提供了一致的开发体验。最后，它与版本控制系统及开发工具链集成良好，为开发提供一站式解决方案。当然，如果你已熟悉其他代码编辑器（包括 CLion）的使用，则可以跳过本节的内容，本节旨在帮助未接触过 VS Code 的读者更快地熟悉相关开发工具。

我们需要在 VS Code 软件中安装 CMake、C++ 以及 TestMate 插件才能进行后续的开发和测试工作。安装完成之后，在 VS Code 中运行单元测试相对简单。下面我们将使用 CMake 及其 VS Code 插件来编译项目，具体步骤如下。

(1) 打开 VS Code，在菜单栏的 View 中选择 Command Palette，然后选择图 1-3 中的 CMake:Build，之后我们对整个项目进行编译，编译的中间文件和最后结果都放在 build 文件夹中。

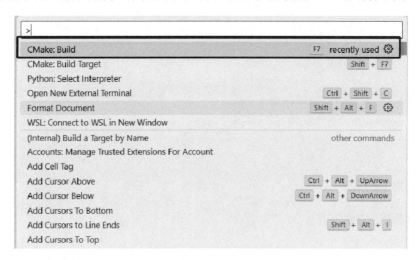

图 1-3　在 VS Code 中对项目进行编译

(2) 为了运行和调试单元测试，我们需要在目录中创建.vscode/settings.json 文件，并将代码清单 1-6 所示的内容复制到其中。

代码清单 1-6　settings.json 中对单元测试的设置

```
1.  {
2.    "testMate.cpp.test.executables": "/home/fss/kuiperbook-main/build/*/*",
3.    "testMate.cpp.test.workingDirectory": "${absDirpath}"
4.  }
```

对核心代码实现的描述如下。

第 2 行：指定可执行文件的路径。这里的路径是/home/fss/kuiperbook-main/build/*/*，意味着在/home/fss/kuiperbook-main/build/目录下的任何子目录中的任何可执行文件都将被视为测试的一部分。/home/fss/kuiperbook-main/是本书代码在我的计算机上的存放路径，你需要根据自己的代码存放路径进行相应的修改；build 是编译结果所在的目录，用于存储本书每章编译生成的二进制可执行文件。

第 3 行：指定单元测试的工作目录。"`${absDirpath}`"是一个变量，代表当前测试文件的绝对路径的目录。这意味着每个测试都将在其源文件所在的目录下执行。

这段配置允许 TestMate 插件找到并执行所有编译生成的二进制可执行文件作为测试，并且每个测试将在其源文件所在的目录下执行。这对于组织和管理大型项目的单元测试非常有用。

（3）当正确设置完成后，在 TestMate 插件中将会显示所有章涵盖的单元测试，如图 1-4 所示。本章的单元测试对应的条目是 course1_prepare/test_prepare/prepare1。只需单击该条目，即可执行本章的单元测试。

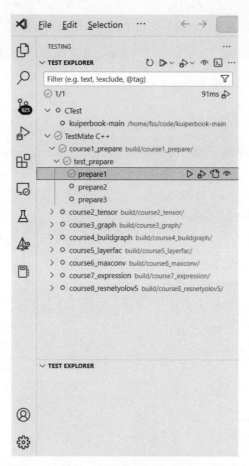

图 1-4　TestMate 插件显示的所有的单元测试

执行相关的单元测试后，我们可以得到与 CLion 中相同的结果。如果在后续章节中遇到模型文件无法正常打开的情况，可以尝试将单元测试中的文件路径更改为绝对路径，或者在.vscode/settings.json 中修改 `workingDirectory` 的值来设置当前工作目录。

1.6　小结

在本章中，我们首先介绍了深度学习推理框架的概念和作用，目的是让大家形成对本书所涉及项目的基本认知。随后我们介绍了多种主流的深度学习推理框架，并详细讨论了它们的优势、不足以及适用场景。

然后，我们对 KuiperInfer 的各个组成部分进行了介绍，以让大家对本书所要开发的各部分有一个模块化的了解。我们还介绍了 KuiperInfer 的设计原则，需特别注意简洁而非复杂和明确的模块分层这两个原则。之后，我们讲解了本书项目所需的环境和所依赖的第三方库的安装与配置方法，以及集成开发环境的使用方法，这是学习本书后面内容的必要前提。

下一章，我们将进入正题，从张量的设计开始，逐步带你设计和实现自己的深度学习推理框架。

1.7　练习

我们在 test_prepare 中准备了两个单元测试，放在了 course1_prepare/test/test.cpp 中，目的是让大家熟悉 Armadillo 库的使用方法。第一个单元测试 TEST(test_prepare,prepare2) 要求大家添加代码，以实现将矩阵 a1 的每个元素乘以 2 的操作。在添加完代码后，运行该单元测试，如果测试通过，则表明任务成功完成。

第二个单元测试 TEST(test_prepare,prepare3) 涉及两个矩阵的逐元素乘法运算。同样，大家需要添加一行代码来完成这一功能。在完成代码的添加后，按照同样的步骤运行单元测试，如果测试通过，则表示代码能够正确执行。

第 2 章

张量的设计

本章将介绍张量的概念及其在深度学习推理框架中的重要作用。首先定义张量，并探讨张量中存储数据的两种常见方式（行主序和列主序）及其异同。然后讲解张量内部数据存储空间的自动分配与释放机制。紧接着介绍张量类中的几个关键方法，包括获取张量的维度、形状和特定位置数据的方法等。最后，通过单元测试对上述张量类的各种方法和机制进行验证。

2.1 张量是什么

首先，我们需要了解什么是张量（tensor）。张量实质上是一个多维数组，用于存储模型在推理过程中的输入和输出数据。为了更好地适应计算密集型任务的需求，我们在设计张量类时，不仅要提供友好、易用的对外接口，还要考虑深度学习推理等计算任务的高性能需求。因此，在实现张量类时，需要支持以下功能或包含相关模块。

(1) 数据的存储区域：在我们的实现中，张量数据的存储区域通常是一段连续的内存空间，同时需要考虑到对内存的高效分配、利用以及后续对内存存储区域的管理和释放等。

(2) 张量的维度管理：张量的维度大于或等于 1。如果张量用于存放图像数据输入，那么张量的维度就要包括图像的通道数、高度以及宽度。如果一个张量是一组一维数据，那么它的维度等于 1，且维度大小等于这组一维数据的长度。

(3) 数据的访问方法：张量需要提供对外的读取和修改功能，以便推理框架的其他部分能够方便地使用张量数据。例如，当我们需要访问张量中第 i 个通道第 j 行第 k 列的数据时，数据访问方法应能轻松返回对应位置的值。

(4) 基本数据操作：实现张量之间的矩阵乘法、加法、减法等基本二元运算。张量还需要支持对自身数据进行置空、填充、转置和随机化等操作。

(5) 其他辅助性质的方法：包括返回张量中数据的起始地址、类型和数量以及检查张量是否为空等操作。

(6) 设备间的数据同步：我们的推理框架仅支持在 CPU 上运行，因此尚未支持设备间的数据同步。若一个推理框架要支持不同类型的设备，其张量就需要实现从一种设备同步到另一种设备的功能，简而言之就是支持张量数据在不同设备之间传输、复制和同步等操作。

接下来，我们将详细讲解前 5 个主题并借助第三方库实现张量数据结构。之所以不选择完全从头开始实现，主要是出于以下考虑。

首先，我们必须认识到软件开发是一项需要团队协作的工作。在一个大规模的软件系统中，不同的开发者承担着各自的职责。如果我们坚持自行实现每一个部分，可能会因为开发难度过大和开发周期过长而放弃整个项目。

其次，考虑到我们的读者群体。我们在本书的视频课程中做过调研，发现大部分学员的工作经验不超过三年，甚至有些学员对 C/C++ 编程语言的了解仅限于大学课程，缺乏实际开发经验。因此，如果我们盲目提高教学难度，可能会导致很多读者感到困惑，甚至放弃学习。

当然，我们鼓励有相关经验的读者通过自学和参考其他成熟的商用推理框架来优化张量，包括其他组件的实现，以使自制推理框架达到更高的性能，并提升个人的开发能力。

2.1.1　张量的维度

张量是一个抽象的数学概念，可以被看作一个多维的数据容器。我们可以将其想象成一个装有数字的箱子，但这个箱子并不仅仅包含单排或多排的格子，它还可以包含其他箱子，这些箱子又可以包含更小的箱子，在每个小箱子中装着数字。这样的结构使得张量能够形成一种多层级的数据组织形式，其中每一层都能够容纳不同数量的数字。简而言之，张量是一种复杂的多维数据结构，它能够灵活地表示和存储大量的信息。

在实际开发中，我们应该怎么实现这种多维的内存存储结构呢？如果有一个张量的维度较高，那么直接对它的数据排布方式进行分析会比较困难，比如我们很难想象一个四维的张量数据是如何排布的，更别说五维、六维的张量了。但是事实上，多维张量数据在深度学习中比比皆是。

以一个三维张量为例。假设有一张 RGB 格式、高度和宽度均为 128 像素的图像，这张图像可以表示为一个三维张量，其中第 1 个维度是通道数（为 3，每个通道对应一种颜色，分别为红色、绿色、蓝色），第 2 个维度是行数（即高度 128），第 3 个维度是列数（即宽度 128）。为了在内存中存储这个三维张量，我们通常采用行主序（row-major order）或列主序（column-major order）的排布方式。在行主序中，按先行后列的顺序存储整个红色通道的所有像素，随后的几个通道以此类推。

为了实现这种数据排布，我们将整个张量的数据存储在一个连续的内存块中。这样，不论张量的维度如何，我们都可以通过计算一个元素的线性索引[①]来访问它。例如，要访问一个三维张量的第 0 个通道（索引开始位置是 0）第 50 行第 100 列的元素，可以通过以下计算公式得到其在

---

① 线性索引是用来唯一标识多维张量中某个元素在内存中的存储位置的索引值。它通过将多维坐标映射到一维的存储空间，实现以线性方式访问多维张量的数据。

内存中的位置。

$$线性索引 = 通道索引 \times 行数 \times 列数 + 行索引 \times 列数 + 列索引$$

将具体数值代入公式：

$$线性索引 = 0 \times 128 \times 128 + 50 \times 128 + 100 = 6500$$

这种连续存放的内存布局方式不仅适用于三维张量，也适用于更高维度的张量。例如，假设一个张量的行数和列数均为 128，我们要访问坐标为 $(1, 32, 64)$ 的数据，其中 1 表示通道索引，32 表示行索引，64 表示列索引，可以计算这个多维坐标相应的线性索引：

$$线性索引 = 1 \times 128 \times 128 + 32 \times 128 + 64 = 20\ 544$$

因此，我们访问多维坐标为 $(1, 32, 64)$ 的数据就相当于访问线性索引为 20 544 的数据。反过来也是可以的，将对线性索引为 20 544 的数据的访问转换为对多维坐标为 $(1, 32, 64)$ 的数据的访问，可以采用以下计算方法。

(1) 计算通道索引：

$$通道索引 = \frac{线性索引}{行数 \times 列数}$$

代入相应数值，将 20 544/(128 × 128) 的结果向下取整，得到 1，表示该多维坐标的通道索引为 1。

(2) 计算剩余的线性索引（简称剩余索引）：

$$剩余索引 = 线性索引 - 通道索引 \times 行数 \times 列数$$

代入相应数值，20 544 − 1 × 128 × 128=4160，表示剩余索引为 4160。

(3) 计算行索引：

$$行索引 = \frac{剩余索引}{列数}$$

代入相应数值，将 4160/128 的结果向下取整，得到 32，表示多维坐标下的行索引为 32。

(4) 计算列索引：

$$列索引 = 剩余索引 - 行索引 \times 列数$$

代入相应数值，4160 − 128 × 32=64，表示多维坐标下的列索引为 64。最终得到多维坐标为 $(1, 32, 64)$。

至此，我们已经成功实现了从线性索引到多维坐标的转换。这一过程同样适用于更高维度的张量的坐标转换。因此，在多维数组中，当我们需要访问特定位置的元素时，可以将其转换为线性索引，然后访问该线性索引对应的元素。图 2-1 是一个简单的示例，展示了一个行数为 2、列数为 4 的二维张量如何被存储在连续的内存空间中，其元素依次为 1~8。假设我们想要访问坐标为 $(1, 2)$ 的元素（通道索引为 0，行索引为 1，列索引为 2），首先需要按照之前描述的方法将该坐标转换为线性索引 6。接着，访问该线性索引对应的元素 7。也就是说，存储在坐标 $(1, 2)$ 处的元素为 7。

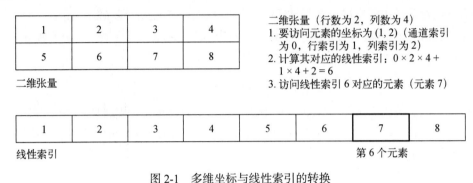

图 2-1　多维坐标与线性索引的转换

2.1.2　张量中的基础数据结构

在第 1 章中，我们介绍并安装了数学库 Armadillo。我们将以 Armadillo::Cube 为模型来开发自己的张量类。Armadillo::Cube 是一个多维数据容器，具有 3 个数据维度，分别是通道数（channels）、行数（rows）和列数（cols）。下面我们将讨论如何使用这个容器来申请、管理以及访问数据。

$$总存储空间 = 元素大小 \times 通道数 \times 行数 \times 列数$$

如果数据容器 Cube 中存储的数据类型是 float，那么每个数据元素的大小是 4 字节。为了存放数据，所需的内存字节数需要乘以容器的 3 个维度：通道数、行数和列数。因此，当我们需要存放通道数为 24、行数为 32、列数为 48 的一组数据时，Armadillo 库会通过 malloc 方法向系统申请一段连续的内存空间，大小为 147 456（$4 \times 24 \times 32 \times 48$）字节，用于存储这组数据。但是存在一种特殊情况，就是当数据量较小时，我们可能会选择在栈上分配一段较小的空间来存储数据，而不是动态地向系统申请堆内存。这种做法可以在数据量不大时提高数据访问的速度。

当我们需要访问数据容器 Cube 中某个位置的数据时，Cube 类会先将多维坐标转换为线性索引，转换方法正如我们之前讨论的那样。接着，它会访问连续内存空间中与该线性索引对应的元素。考虑到有些读者对通道这一维度的了解不深入，我们先来讲讲它是什么。在本书中，我们假定在一个三维图像数据中，第 1 个维度是图像的通道数，第 2 个和第 3 个维度分别是图像的高度和宽度，在每个通道中，像素数据的数量都等于高度与宽度的乘积。

在连续内存空间中，三维数据的排布方式是首先放置第 1 个通道的所有数据，然后依次放置第 2 个、第 3 个通道的数据，以此类推。Armadillo 数学库中的数据以列主序的方式排布，Cube 类也遵循这一规则。然而，在我们设计的张量类（Tensor 类）中，我们选择了行主序的排布方式。因此，在 Tensor 类中，必须格外注意数据排布方式的转换和调整。

我们选择行主序的排布方式是为了与 PyTorch、Caffe 等主流深度学习训练框架保持一致，这些框架都采用行主序的方式。这样的选择也符合大多数用户的使用习惯。实际上，行主序和列主序在性能上并没有明显的差异。由于历史原因，高性能的矩阵库最初是用 Fortran 编程语言实现的，而 Fortran 通常使用列主序，因此 Armadillo 在设计时也沿袭了这种习惯。综合考虑，我们最终选择了行主序方式，以更好地与现有框架接轨。

2.1.3 张量中的数据存储顺序

张量，或者说多维数组，在计算机内存中的存储模式通常有两种：行主序和列主序。

行主序指的是在多维数组中，同一行内的元素在内存中是连续存储的，而行与行之间则按照顺序排布。这意味着数组的同一行数据是依次排布的，内存地址连续，而列与列之间的元素在内存地址上则是不连续的。在行主序的存储模式下，用户如果按照先行后列的顺序遍历数组，将会在访问速度上具有优势。这是因为现代计算机系统会针对连续的内存地址进行预取操作，当遍历行时，一行中的后续数据很可能已经被预取到系统的缓存（cache）中，这样可以减少对内存的访问次数，从而提高访问效率。

换句话说，在行主序的存储模式下，以先行后列的顺序进行访问速度更快，这利用了计算机体系结构中的局部性原理。当访问第 1 行第 1 列的元素时，系统会预取该行后续的几个元素到缓存中。这些元素从第 1 行第 2 列开始，被存储在访问速度更快的缓存中。因此，如果需要访问同一行中的后续元素，系统可以直接从缓存中读取，而不需要访问较慢的内存存储器。所以，在以行主序存储的多维数组中，按照先行后列的顺序访问元素，可以更高效地利用缓存，减少内存访问次数，从而提高访问效率。

同理，列主序表示在多维数组中，同一列内的元素在内存中是连续存储的，而列与列之间则按照顺序排布。这意味着数组的每一列数据是依次排布的，而行与行之间的元素在内存地址上是不连续的。在列主序的存储模式下，如果按照先列后行的顺序遍历数组，将会获得更快的访问速度。这是因为在列主序的存储中，同列不同行的元素是连续存储的，当访问一列中某个位置的元素时，系统也会预取其后续的几个元素，也就是同列中的后续元素。因此，当需要访问同一列中的后续元素时，系统可以直接从缓存中返回，从而提高访问效率。

对于一个二维矩阵而言，行主序存储意味着首先将第 1 行的元素顺序存储在内存中，然后依次存储第 2 行的元素，以此类推。假设有一组元素，它们的值从 1 递增到 9。当这 9 个数据以行主序的方式排布在一个 3×3 的矩阵中时，它们的存储顺序如图 2-2 所示（箭头表示内存地址的增长方向）。可以观察到，内存地址的增长方向首先是横向，然后是纵向。通过这种排布方式，我们能够更高效地利用内存空间。例如，当我们访问元素 4 时，由于元素 5 和 6 位于连续的内存地址中，因此它们会被系统提前加载到缓存存储部件中。后续访问这几个元素时，系统会直接从缓存中返回，从而提高访问效率。

　　类似地，如果我们按照列主序的方式将一组元素存储在矩阵中，首先会顺序填满第 1 列，然后将剩余的数据依次存放到下一列，以此类推。我们仍以 1 到 9 的一组元素为例，当这 9 个数据按照列主序的方式排布在一个 3×3 的矩阵中时，它们的存储顺序如图 2-3 所示（箭头表示内存地址的增长方向）。通过这种排布方式，我们同样能够更高效地利用内存空间，并且在访问连续列元素时能够更高效地利用缓存，减少内存访问次数，提高访问效率。

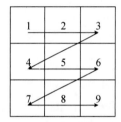

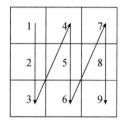

图 2-2　以行主序排布的 3×3 矩阵　　　　图 2-3　以列主序排布的 3×3 矩阵

2.1.4　Cube 中的数据排布

　　如图 2-4 所示，我们实例化的一个 Cube 类具有 3 个通道（channel1、channel2 和 channel3），且每个通道中的行数和列数均为 3，一共存储了 27 个元素。

1	4	7	10	13	16	19	22	25
2	5	8	11	14	17	20	23	26
3	6	9	12	15	18	21	24	27
channel1			channel2			channel3		

图 2-4　Cube 类中的数据排布

　　在 Armadillo 库中，Cube 类数据的存储采用列主序的方式。这意味着首先将第 1 个通道上的所有数据（1~9）按照先列后行的顺序放置在内存中，形成一个二维矩阵。然后按列主序的方式放置第 2 个通道上的数据(10~18)，形成第 2 个二维矩阵，以此类推。当我们需要访问 Cube

中第 i 个通道上的数据时，只需根据相应的索引提取对应位置的二维矩阵即可。换句话说，我们可以将 Cube 类看作一个三维数据容器，该容器由多个二维矩阵沿着通道维叠加而成。

那么，如何理解 Cube 类与我们要实现的 Tensor 类之间的关系呢？在我们的框架中，将使用 Cube 类作为 Tensor 类数据存储的底层容器。换句话说，每个 Tensor 类中将包含一个 Cube 类的实例变量，用于存储张量中的所有数据。

接下来，我们将探讨如何利用 Armadillo 中的 Cube 类来辅助实现张量数据结构。Cube 类在 Tensor 类中承担着数据管理、维护以及内存空间的申请和自动释放的职责。总的来说，Tensor 类与 Cube 类的关系可以用图 2-5 来描述，Tensor 类是基于 Cube 类实现的，将 Cube 类作为底层数据存储结构，并添加额外的功能和接口。

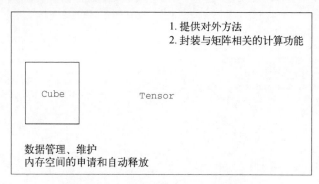

图 2-5　Cube 类和 Tensor 类的关系

Tensor 类在 Cube 类的基础上做了以下两大类工作。

❑ Tensor 类提供了一系列对外的方法，这些方法使得推理框架中的其他组件能够更便捷地访问多维数组中任意位置的数据。同时，Tensor 类还提供了一些方法来返回多维数组的其他信息，如张量的形状、存储空间的起始地址等，这些信息对于框架的其他部分来说是至关重要的。

❑ Tensor 类封装了与矩阵相关的计算功能。这不仅使得 Tensor 类具有对用户更友好的数据访问和使用方式，还提供了高效的矩阵运算算法。这样的封装使得 Tensor 类成为一个功能强大的工具，既能够管理数据，又能够执行复杂的矩阵运算，从而提升了整个推理框架的性能和灵活性。

2.2　如何实现张量

2.2.1　实现张量的定义

在 2.1 节中，我们介绍了 Armadillo 库中的数据容器 Cube，它可以作为 Tensor 类的数据存储容器。需要特别注意的是，由于矩阵库的历史演变，Armadillo 库中的 Cube 类数据的排布是列主序的，而在深度学习框架中，张量数据的存储通常采用行主序的方式。为了与主流框架保持一致，在 KuiperInfer 中，我们也采用了行主序的排布方式。这就导致了在 Tensor 类的实现中，我们需要对数据排布进行调整和转换。

我们先来了解一下 Tensor 类中的两个重要成员变量。一个成员变量是上文中提到的用于管理内存和数据的 Cube 类的实例 data_，另一个成员变量则是用于记录张量形状的可变长度数组 raw_shapes_，如代码清单 2-1 所示。

代码清单 2-1 Tensor 类的定义

```
1.  template <>
2.  class Tensor<float> {
3.  public:
4.      uint32_t rows() const;
5.      uint32_t cols() const;
6.      uint32_t channels() const;
7.      uint32_t size() const;
8.      void set_data(const arma::fcube& data);
9.
10.     // 创建三维张量
11.     explicit Tensor(uint32_t channels, uint32_t rows, uint32_t cols);
12.
13.     // 创建一维张量
14.     explicit Tensor(uint32_t size);
15.
16.     // 创建二维张量
17.     explicit Tensor(uint32_t rows, uint32_t cols);
18.
19.  private:
20.     std::vector<uint32_t> raw_shapes_;   // 记录张量形状的数组
21.     arma::fcube data_;                   // 管理内存和数据的 Cube 类实例
22.  };
```

你可能会好奇，为什么我们需要使用 std::vector 来记录张量的形状信息？通常情况下，如果张量是一维的，raw_shapes_数组的长度将是 1；如果张量是二维的，raw_shapes_数组的长度将是 2，分别记录张量的行数和列数；如果张量是三维的，raw_shapes_数组的长度将是 3，分别记录张量的通道数、行数和列数。然而，还有一种特殊情况：当一个三维张量的前两维大小都是 1 时，这个张量实际上退化成了一维张量。在 raw_shapes_中，这种情况体现为长度变为 1。例如有一个三维张量，其形状原本是 $(1, 1, n)$，其中 n 为某个正整数。在这种情况下，由于前两维的大小都是 1，该三维张量在实际表现上与一维张量无异。此时，raw_shapes_数组只需要记录一个长度为 n 的形状信息即可，而不是原本的三维信息。这样的设计可以更加灵活地处理不同形状的张量，并且在一些特定情况下可以简化对张量的操作和管理。

我们通过一个例子来理解这一点。假设我们创建了一个形状为(1, 1, 3)的张量，由于其前两维的大小都是 1，因此这个张量实际上退化成了一维张量。因此，raw_shapes_ 中记录的形状将是(3)。同样，如果我们创建了一个形状为(1, 3, 4)的张量，由于其第一维的大小是 1，因此这个张量的形状也会退化，raw_shapes_ 中记录的形状将是(3, 4)。需要注意的是，尽管张量的形状在 raw_shapes_ 中发生了退化，但张量中存储的数据本身并没有发生变化，数据仍然按照我们之前讨论的方式，即以先行后列的顺序存储在 Cube 变量中。

▶ 完整的实现代码请参考 course2_tensor/include/data/tensor.hpp。

2.2.2 创建新张量

如何创建一个新的张量？根据之前我们对 Tensor 类的定义，创建张量时需要提供张量的形状信息作为参数。因此，如果我们想要创建一个一维张量，需要向类的构造函数传递一个参数，这个参数代表一维张量中的元素数量；如果我们想要创建一个二维张量，则需要向构造函数传递两个参数，分别代表二维张量的行数和列数；创建三维张量也是同样的道理。

1. 创建一维张量

在创建一维张量时，我们需要向构造方法传递一维张量的长度 size，如代码清单 2-2 所示。

代码清单 2-2 创建一维张量

```
1.  Tensor<float>::Tensor(uint32_t size) {
2.      data_ = arma::fcube(1, size, 1);
3.      this->raw_shapes_ = std::vector<uint32_t>{size};
4.  }
```

前面我们已经讨论了 Armadillo::Cube 的实例化过程。当我们尝试创建一个大小为 256 的张量时，传递给 Cube 构造函数的参数将是(1, 256, 1)，这里的参数顺序是行数、列数、通道数，与我们通常使用的通道数、行数、列数的顺序不同，这就是 256 出现在中间的原因。

作为一个数据管理容器，Armadillo::Cube 在其构造函数中首先会计算存储当前数量和类型的数据所需的内存大小。如果当前数据类型是 float 且数据量为 $1 \times 1 \times 256$，那么所需的内存大小是 $256 \times 4 = 1024$（字节）。计算出所需的内存大小后，Cube 类的构造函数会调用系统的内存分配方法 malloc 来申请相应大小的内存，用于存储这 256 个 float 数据。此外，这里的 raw_shapes_ 数组记录了张量的形状信息，也就是一维张量中元素的个数。

▶ 完整的实现代码请参考 course2_tensor/source/tensor.cpp。

2. 创建二维张量

我们使用含两个参数的构造函数创建二维张量，详见代码清单 2-3。

代码清单 2-3 创建二维张量

```
1.  Tensor<float>::Tensor(uint32_t rows, uint32_t cols) {
2.      data_ = arma::fcube(rows, cols, 1);
3.      this->raw_shapes_ = std::vector<uint32_t>{rows, cols};
4.  }
```

该构造函数中的两个参数 rows 和 cols 分别表示张量的行数和列数。在构造函数中实例化的 Armadillo::Cube 同样用于存放具体数据，raw_shapes_ 用于存放张量的形状。

3. 创建三维张量

创建三维张量的过程与创建一维张量和二维张量的过程相似，唯一的区别是在将形状信息记录到 raw_shapes_ 数组之前，会对特殊的维度大小进行处理。如果前两维或第一维的大小为 1，那么在 raw_shapes_ 中记录的张量形状将会退化为一维或二维张量。具体的实现细节参见代码清单 2-4。

代码清单 2-4 创建三维张量

```
1.  Tensor<float>::Tensor(uint32_t channels, uint32_t rows, uint32_t cols) {
2.      data_ = arma::fcube(rows, cols, channels);
3.      if (channels == 1 && rows == 1) {
4.          this->raw_shapes_ = std::vector<uint32_t>{cols};
5.      } else if (channels == 1) {
6.          this->raw_shapes_ = std::vector<uint32_t>{rows, cols};
7.      } else {
8.          this->raw_shapes_ = std::vector<uint32_t>{channels, rows, cols};
9.      }
10. }
```

2.2.3 张量的填充

如前文所述，张量中存储数据的方式一般有两种，即行主序和列主序。因此，如果我们想用一组数据来填充一个张量，首先要考虑数据存储顺序的问题。在实现张量的填充方法时，我们应该提供选项来指定使用哪种存储方式。

下面我们了解一下先行后列填充的流程。在行主序填充中，我们需要使用一组用于填充的数据数组 values，假设该数据数组的长度为 144。如果我们要填充的是一个三维张量，其形状为 (4, 4, 9)，进行填充时数据数组 values 的长度必须与待填充张量中的数据个数相同，才能够使用该数据数组对张量进行填充，以下为具体步骤。

(1) 比较数据数组的长度和张量中的数据个数，即判断二者是否相等。张量中的数据个数可以通过将 raw_shapes_ 数组中记录形状的各维度大小相乘来得到。

(2) 根据通道数对数据数组进行切分。以上述示例为例，通道数为 4，将 144 个数据分成 4 组，每组包含 36 个数据，每 36 个数据存放于数据容器 Cube 的一个通道中，也就是每组数据对应于数据容器 Cube 中的一个通道。

(3) 对切分后的数据进行逐组遍历，并按照先行后列的顺序将每组数据放到对应的位置，即数据容器 Cube 的通道中。需要注意的是，数据容器 Cube 中存放数据的方式是先列后行，因此在将某组数据放入数据容器 Cube 的特定通道时，需要先进行转置操作。

我们通过一个具体的例子来阐述这个过程。假设有一组数据，总数为 144，数据范围为 1~144。需要将这些数据填充到一个名为 data_ 的数据容器中，data_ 的类型就是上文中提到的 Cube。它具有 3 个维度，依次为通道数、行数和列数，并以列主序的方式排布数据。该容器包含 4 个通道，每个通道的形状是一个 4 行 9 列的二维矩阵，因此每个通道可以容纳 36 个数据。

我们首先处理第一组数据，即 1~36。我们使用这些数据来构建一个临时的 9 行 4 列的二维矩阵。由于这个矩阵是由 Armadillo 提供的实现，因此它默认以列主序的方式存储数据。当我们直接使用一组数据去填充该矩阵时，数组中相邻的元素会按照先列后行的顺序依次排布，如图 2-6 所示。

1	10	19	28
2	11	20	29
3	12	21	30
4	13	22	31
5	14	23	32
6	15	24	33
7	16	25	34
8	17	26	35
9	18	27	36

图 2-6　存放第一组数据的二维矩阵

因此，为了确保数据按照先行后列的顺序填充到 Cube 中，我们需要先对该二维矩阵进行转置。如图 2-7 所示，转置后，我们得到了一个与数据容器 data_ 中一个通道形状相同的二维矩阵（4 行 9 列）。

1	2	3	4	5	6	7	8	9
10	11	12	13	14	15	16	17	18
19	20	21	22	23	24	25	26	27
28	29	30	31	32	33	34	35	36

图 2-7　将第一组数据转置后存放到数据容器 data_ 中

等 4 组数据都以这种形式填充完毕后，数据容器 data_ 的数据分布形式如图 2-8 所示。至此，一组 1~144 的数据就以先行后列的顺序填充到了 Cube 类型的数据容器中。

channel1	1	2	3	4	5	6	7	8	9
	10	11	12	13	14	15	16	17	18
	19	20	21	22	23	24	25	26	27
	28	29	30	31	32	33	34	35	36

channel2	37	38	39	40	41	42	43	44	45
	46	47	48	49	50	51	52	53	54
	55	56	57	58	59	60	61	62	63
	64	65	66	67	68	69	70	71	72

channel3	73	74	75	76	77	78	79	80	81
	82	83	84	85	86	87	88	89	90
	91	92	93	94	95	96	97	98	99
	100	101	102	103	104	105	106	107	108

channel4	109	110	111	112	113	114	115	116	117
	118	119	120	121	122	123	124	125	126
	127	128	129	130	131	132	133	134	135
	136	137	138	139	140	141	142	143	144

图 2-8　将所有数据存放在数据容器 data_ 中

我们简单回顾一下以上填充数据的流程。首先将一组数据切分为多组，并将每组数据都构造为一个二维矩阵。由于 Armadillo 数学库以先列后行的方式存储数据，因此我们要先对矩阵进行转置，才能将数据放入数据容器 Cube 的对应通道中。我们再来看看代码实现，请见代码清单 2-5，其中类内变量 this->data_ 就是我们所说的数据容器，用于存放 Tensor 中的数据。

代码清单 2-5　以行主序的方式对张量进行填充

```
1.   void Tensor<float>::Fill(const std::vector<float>& values, bool row_major) {
2.       ...
3.       if (row_major) {
4.           const uint32_t rows = this->rows();
```

```
5.          const uint32_t cols = this->cols();
6.          const uint32_t planes = rows * cols;
7.          const uint32_t channels = this->data_.n_slices;
8.
9.      for (uint32_t i = 0; i < channels; ++i) {
10.         auto& channel_data = this->data_.slice(i);
11.         const arma::fmat& channel_data_t =
12.             arma::fmat(values.data() + i * planes,
13.                        this->cols(), this->rows());
14.         channel_data = channel_data_t.t();
15.     }
16. }
```

对核心代码实现的描述如下。

第 9 行：遍历每个通道，`channels` 是数据容器 `this->data_` 中的切片数量。

第 10 行：获取当前通道的数据切片 `channel_data`，这是需要填充的部分。

第 11~13 行：通过 `values` 数据创建一个二维矩阵 `channel_data_t`，`this->cols()` 和 `this->rows()` 分别返回矩阵的列数和行数，并且是以行主序的方式存储的。

第 14 行：将 `channel_data_t` 转置后赋值给当前通道的 `channel_data`。因为 Armadillo 库使用列主序的方式存储数据，所以需要转置以匹配正确的格式。

以上代码的核心功能是遍历每个通道，将以行主序方式存储的数据转置为列主序格式，并填充到数据容器的相应位置。

▶ 完整的实现代码请参考 course2_tensor/source/tensor.cpp。

2.2.4　改变张量的形状

在本书后续的章节中，我们经常需要改变一个张量的形状以满足特定算法的需求。通常情况下，改变形状不会改变数据在内存中的排布方式。我们来看看改变张量形状的方法 Reshape 是如何实现的。当我们改变一个张量的形状时，实际上是改变如何解释或访问存储的数据，而不是改变数据的物理排布。假设有一个形状为(2, 3, 4)的张量，其中 2 是通道数，3 是行数，4 是列数，用于存放 1~24 的数据。不难得知，该张量包含两个通道：第 1 个通道存储 1~12 的值，第 2 个通道存储 13~24 的值。现在，我们需要转换这个张量的形状，比如变为(4, 3, 2)，在这种情况下，新的张量将有 4 个通道：第一个通道存储 1~6 的值，第 2 个通道存储 7~12 的值，以此类推。

在改变张量的形状时，需要遵循以下流程（稍后展示具体的代码实现）。

(1) 判断新的形状和原有形状所需的数据量是否相同。假设原有形状是(2, 3, 4)，那么所需的数据量为 24。如果新的形状是(4, 3, 2)，则所需的数据量同样是 24。通过计算，我们可以确认新的形状和原有形状所需的数据量相同。

(2) 逐通道提取原有数据容器中的值。原有张量中第 1 个通道的值是 1~12，第 2 个通道的值是 13~24，我们需要将这些值逐通道提取出来并放入同一个数组中。需要注意的是，这实际上是张量填充的逆过程，即从张量中提取数据，因此该数组中存储的值将依次为 1~24。我们将这个数组记为 arrays。

(3) 修改数据容器 Cube 的形状。同时，需要修改 raw_shapes_ 中保存的张量形状值。

(4) 使用上文介绍过的 Fill 方法，将 arrays 数组中的数据填充到修改形状后的张量中。

通过以上步骤，即可完成张量形状的改变。

为了逐步完成张量的变形，我们编写了 Reshape 方法，如代码清单 2-6 所示。

代码清单 2-6 改变张量形状的 Reshape 方法

```
1.  void Tensor<float>::Reshape(const std::vector<uint32_t>& shapes,
2.                              bool row_major) {
3.      CHECK(!this->data_.empty());
4.      CHECK(!shapes.empty());
5.      const uint32_t origin_size = this->size();
6.      const uint32_t current_size = std::accumulate(shapes.begin(), shapes.end(), 1,
            std::multiplies<>());
7.      CHECK(shapes.size() <= 3);
8.      CHECK(current_size == origin_size);
9.
10.     std::vector<float> values;
11.     if (row_major) {
12.         values = this->values(true);
13.     }
14.     if (shapes.size() == 3) {
15.         this->data_.reshape(shapes.at(1), shapes.at(2), shapes.at(0));
16.         this->raw_shapes_ = {
17.             shapes.at(0),
18.             shapes.at(1),
19.             shapes.at(2)
20.         };
21.     }
22.     // 省略 shapes 数组的维度等于 1 或 2 的情况
23.     ...
24.
25.     if (row_major) {
26.         this->Fill(values, true);
27.     }
28. }
```

对核心代码实现的描述如下。

第 5~8 行：判断新的形状和原有形状所需的数据量是否相同。通过计算 origin_size 和 current_size，确定新的形状符合要求，即数据量与原来的数据量相同，对应前面的步骤(1)。

第 11~13 行：使用 values() 方法对张量中的数据进行逐通道提取，即把形状为(2, 3, 4)的张量中的所有数据都放入 values 数组中，对应前面的步骤(2)。

第 14~21 行：修改数据容器 Cube 的形状，并更新 raw_shapes_ 中保存的形状值。如果新的形状有 3 个（shapes.size() == 3），使用 reshape 方法修改 Cube 的形状，同时更新 raw_shapes_ 数组，确保其记录新的形状，对应前面的步骤(3)。

第 25~27 行：使用 Fill 方法将 values 数组中的数据重新填充到改变形状后的张量中。如果数据是以行主序的方式存储的，则调用 Fill(values, true) 方法，以确保数据在新的形状下正确填充，对应前面的步骤(4)。

2.2.5　张量的工具类方法

1. 获取张量的形状

下面我们将介绍如何获取张量的形状信息。如代码清单 2-7 所示，获取张量的形状信息也就是获取张量的通道数、行数和列数，同时需要使用 size 方法返回通道中的元素个数，例如对于一个形状为(2, 3, 4)的张量，size 方法返回的元素个数是 24（2×3×4=24）。

代码清单 2-7　获取张量的形状

```
1.  uint32_t Tensor<float>::rows() const {
2.      CHECK(!this->data_.empty());
3.      return this->data_.n_rows;
4.  }
5.
6.  uint32_t Tensor<float>::cols() const {
7.      CHECK(!this->data_.empty());
8.      return this->data_.n_cols;
9.  }
10.
11. uint32_t Tensor<float>::channels() const {
12.     CHECK(!this->data_.empty());
13.     return this->data_.n_slices;
14. }
15.
16. uint32_t Tensor<float>::size() const {
17.     CHECK(!this->data_.empty());
18.     return this->data_.size();
19. }
```

对核心代码实现的描述如下。

第 1~4 行：rows() 方法用于获取张量的行数。它首先检查数据容器 data_ 是否为空，如果不为空，则返回 data_ 的行数 n_rows。

第 6~9 行：cols() 方法用于获取张量的列数。同样，它首先检查数据容器 data_ 是否为空，如果不为空，则返回 data_ 的列数 n_cols。

第 11~14 行：channels() 方法用于获取张量的通道数。它执行与 rows() 和 cols() 方法类似的检查，如果数据容器 data_ 不为空，则返回 data_ 的通道数 n_slices。

第 16~19 行：size() 方法用于获取张量中元素的总数。它检查数据容器 data_ 是否为空，如果不为空，则返回 data_ 中元素的总数，这个总数是通过 data_ 的 size() 方法获取的，等于行数、列数和通道数的乘积。

由于张量的形状在某些情况下会发生退化，因此接下来我们要获取张量的实际形状，也就是返回 raw_shapes_ 数组，如代码清单 2-8 所示。

代码清单 2-8　获取张量的实际形状

```
1.  const std::vector<uint32_t>& Tensor<float>::raw_shapes() const {
2.      CHECK(!this->raw_shapes_.empty());
3.      CHECK_LE(this->raw_shapes_.size(), 3);
4.      CHECK_GE(this->raw_shapes_.size(), 1);
5.      return this->raw_shapes_;
6.  }
```

第 3~4 行检查 raw_shapes_ 数组的长度，确保 raw_shapes_ 数组的长度为 1~3。当张量的通道数等于 1，行数和列数不为 1 的时候，raw_shapes_ 数组的长度等于 2，表示该张量实际是一个二维张量；当有且仅有张量的列数等于 1 的时候，raw_shapes_ 数组的长度等于 1，表示该张量实际是一个一维张量。

2. 判断张量是否为空

在后续的算法实现中，我们经常需要检查一个张量是否为空。如果张量为空，通常意味着传入的张量参数存在错误。在这种情况下，程序会直接返回或抛出错误。要判断一个张量是否为空，只需检查其数据容器 Cube 是否为空，如代码清单 2-9 所示。

代码清单 2-9　判断张量是否为空

```
1.  bool Tensor<float>::empty() const {
2.      return this->data_.empty();
3.  }
```

data_ 是 Armadillo 库中 Cube 类的实例。当调用 empty() 方法时，它会检查数据容器 Cube 内部的数据个数是否为 0。如果数据个数为 0，则 empty() 方法返回 true；如果不为 0，则返回 false。

3. 返回张量的起始地址

为了获取张量的起始地址，只需返回存储数据容器中数据区域的起始指针。这样做是为了直接对张量所指向的数据区域进行指针操作。以一个具体的例子来说明，假设有一个形状为(2, 3, 3)的张量，返回该数据区域的起始地址，实际上就是返回图 2-9 中标记为 1 的数据元素的内存地址。这个地址指向张量中第一个数据元素的存储位置，它标志着整个数据区域的起点。

返回起始地址指向的位置

1	4	7	10	13	16	19	22	25
2	5	8	11	14	17	20	23	26
3	6	9	12	15	18	21	24	27
channel1			channel2			channel3		

图 2-9　一个张量数据容器的起始地址

▶ 完整的代码实现请参考 course2_tensor/source/tensor.cpp 中的 raw_ptr() 方法。

4. 返回张量中某个位置的数据

当我们需要访问一个三维坐标 (c, r, w) 对应的值时，应该如何处理呢？如前文所述，数据容器中存储数据的空间是一维的。因此，如果我们需要访问第 c 个通道第 r 行第 w 列上的元素，就需要计算该三维坐标所对应的线性索引。具体的计算方式如下（套用之前的公式）：

$$线性索引 = 通道索引 \times 行数 \times 列数 + 行索引 \times 列数 + 列索引$$
$$= c \times R \times C + r \times C + w$$

其中 R 表示该张量的行数，C 表示该张量的列数。

2.3 单元测试

2.3.1 创建数据容器

我们准备了一组从 0 到 26 的等差为 1 的元素，对用于存放张量数据的容器 Cube 进行测试，如代码清单 2-10 所示。

代码清单 2-10　创建数据容器的单元测试

```
1.  TEST(test_tensor, create_cube) {
2.      using namespace kuiper_infer;
3.      int32_t size = 27;
4.      std::vector<float> datas;
5.      for (int i = 0; i < size; ++i) {
6.          datas.push_back(float(i));
7.      }
8.      arma::Cube<float> cube(3, 3, 3);
9.      memcpy(cube.memptr(), datas.data(), size * sizeof(float));
10.     LOG(INFO) << cube;
11. }
```

对核心代码实现的描述如下。

第 8 行：初始化 Cube 类的实例。

第 9 行：将这组数据复制到 Cube 类实例的数据指针指向的内存中。

第 10 行：打印这个张量。

单元测试的输出结果与我们的预期一致，即数据是按照列主序的方式排布的，也就是首先填充第 1 列，然后填充第 2 列，以此类推。

程序的输出如下：

```
[cube slice: 0]
  0.0000    3.0000    6.0000
  1.0000    4.0000    7.0000
  2.0000    5.0000    8.0000

[cube slice: 1]
  9.0000   12.0000   15.0000
 10.0000   13.0000   16.0000
 11.0000   14.0000   17.0000

[cube slice: 2]
 18.0000   21.0000   24.0000
 19.0000   22.0000   25.0000
 20.0000   23.0000   26.0000
```

▶ 完整的实现代码请参考 course2_tensor/test/test_create_tensor.cpp 中的 create_cube 函数。

2.3.2　创建一维张量

为了在项目的其他部分方便地创建特定维度的张量变量，我们提供了一个接收 3 个参数的张量创建方法。创建一维张量的单元测试如代码清单 2-11 所示。

代码清单 2-11　创建一维张量的单元测试

```
1.    TEST(test_tensor, create_1dtensor) {
2.        using namespace kuiper_infer;
3.        Tensor<float> f1(1, 1, 4);
4.        Tensor<float> f2(4);
5.        ASSERT_EQ(f1.raw_shapes().size(), 1);
6.        ASSERT_EQ(f2.raw_shapes().size(), 1);
7.    }
```

对核心代码实现的描述如下。

第 3~4 行：初始化两个张量，分别为 f1 和 f2。根据之前的描述，尽管张量 f1 在声明时具有 3 个维度，但由于前 2 个维度的大小均为 1，因此在此处可以将其视为一维张量。

第 5~6 行：验证 f1 和 f2 均为一维张量这一假设。

▶ 完整的实现代码请参考 course2_tensor/test/test_create_tensor.cpp 中的 create_1dtensor 方法。

2.3.3 创建三维张量

创建三维张量的方法 create_3dtensor 的单元测试如代码清单 2-12 所示。

代码清单 2-12 创建三维张量的单元测试

```
1.  TEST(test_tensor, create_3dtensor) {
2.      using namespace kuiper_infer;
3.      Tensor<float> f1(2, 3, 4);
4.      ASSERT_EQ(f1.shapes().size(), 3);
5.      ASSERT_EQ(f1.size(), 24);
6.  }
```

对核心代码实现的描述如下。

第 3 行：初始化一个形状为(2, 3, 4)的张量。

第 4 行：检查 f1 这个张量的维度，以确认它是一个三维张量，并且确定其形状为(2, 3, 4)。

第 5 行：确认张量中数据元素的总数是 24。

2.3.4 获取张量的形状

Tensor 类中获取形状的方法的单元测试如代码清单 2-13 所示。

代码清单 2-13 获取张量形状的单元测试

```
1.  TEST(test_tensor, get_infos) {
2.      using namespace kuiper_infer;
3.      Tensor<float> f1(2, 3, 4);
4.      ASSERT_EQ(f1.channels(), 2);
5.      ASSERT_EQ(f1.rows(), 3);
6.      ASSERT_EQ(f1.cols(), 4);
7.  }
```

此处调用的张量的 channels()、rows()和 cols()分别用于获取张量的通道数、行数和列数。在该单元测试的第 4~6 行中，这些方法均返回了与预期相符的结果。

2.3.5 判断张量是否为空

验证 Tensor 类的判空函数能否正常工作的单元测试如代码清单 2-14 所示。

代码清单 2-14 判断张量是否为空的单元测试

```
1.  TEST(test_tensor, is_empty) {
2.      using namespace kuiper_infer;
3.      Tensor<float> f1(2, 3, 4);
4.      ASSERT_EQ(f1.empty(), false);
5.  }
```

▶ 完整的实现代码请参考 course2_tensor/test/test_create_tensor.cpp。

2.3.6 获取张量中某个位置的元素

tensor_values1 单元测试的目的是验证数据访问方法 at 能否获取对应位置的数据元素。我们随机初始化一个形状为(2, 3, 4)的张量,初始化完成后访问其中坐标为(1, 1, 1)的元素,如代码清单 2-15 所示。

代码清单 2-15 获取张量中某个位置元素的单元测试

```
1.  TEST(test_tensor_values, tensor_values1) {
2.      using namespace kuiper_infer;
3.      Tensor<float> f1(2, 3, 4);
4.      f1.Rand();
5.      f1.Show();
6.      LOG(INFO) << "Data in the (1,1,1): " << f1.at(1, 1, 1);
7.  }
```

以上程序的输出如下所示:

```
channel: 0
-0.6871    0.2011   -2.1356   -1.6828
 0.7898    0.0949    0.2838    0.1371
 0.2011   -0.2782    0.4548   -1.1253

channel: 1
-0.0550   -2.1356   -0.7436    0.0613
-0.2782    0.2838   -0.7674   -0.6272
 0.0709   -0.8553   -1.1120   -0.0953

Data in the (1, 1, 1): 0.2838
```

从程序输出结果中可以看出,坐标(1, 1, 1)处(第 2 个通道第 2 行第 2 列)的元素确实为0.2838。

▶ 完整的实现代码请参考 course2_tensor/test/test_get_values.cpp。

2.4 小结

在本章中,我们首先深入且细致地探讨了张量的设计与实现,阐释了张量是什么,包括张量的维度、张量中的基础数据结构、张量中的数据存储顺序,以及 Cube 中的数据排布等内容。然后,我们详细讲解了如何实现张量,包括实现张量的定义、创建新张量、张量的填充和改变张量的形状等内容。此外,我们还实现了张量的一系列工具类方法,如获取维度、形状,判断是否为空,返回起始地址、某个位置的数据等。最后,我们通过单元测试验证了上述张量功能的实现,这些内容为深入理解和实现张量操作奠定了基础,同时为后续章节的进一步开发提供了有力支持。

接下来的两章,我们将学习计算图的设计和构建,进一步完善自制深度学习推理框架项目。

2.5 练习

Flatten 函数在深度学习中常用于将多维张量转换为一维张量，便于进行特定的数学运算或数据处理。Padding 函数则常用于卷积神经网络中，通过对输入数据进行填充以控制特征图的大小和保持边界信息。

(1) 请编写 Tensor::Flatten 函数，并在 course2_tensor/test/test_homework.cpp 中的 homework1_flatten1 和 homework1_flatten2 单元测试中进行对应的测试。该函数的作用是将多维数据展平为一维，具体的效果如图 2-10 所示。

1	2	3
4	5	6
7	8	9

1	2	3	4	5	6	7	8	9

图 2-10 张量展平示意图

(2) 请编写 Padding 函数，并通过 course2_tensor/test/test_homework.cpp 中的 homework2_padding1 和 homework2_padding2 两个单元测试进行验证。Padding 函数的作用是在多维张量的四周进行填充，如图 2-11 所示，在多维张量的四周填充了 0 值。

0	0	0	0	0
0	1	1	1	0
0	1	1	1	0
0	1	1	1	0
0	0	0	0	0

0	0	0	0	0
0	1	1	1	0
0	1	1	1	0
0	1	1	1	0
0	0	0	0	0

0	0	0	0	0
0	1	1	1	0
0	1	1	1	0
0	1	1	1	0
0	0	0	0	0

图 2-11 张量填充示意图

第 3 章

计算图的设计

本章首先介绍深度学习推理框架中计算图的基本概念，包括计算图的定义、功能及其主要组成部分。接着，在 Netron 可视化工具的支持下，详细剖析 PNNX 计算图的结构及其各个组件。此外，为了更好地应用 PNNX 计算图，本章还通过面向对象的设计方法，对计算图的属性与相关数据进行封装处理并提供对外接口。最后，设计一套单元测试方案，旨在验证模型结构定义文件及权重文件的正确加载、计算图的有效构建，以及实现对计算图内各计算节点及其操作数[①]的遍历访问功能。

3.1 计算图是什么

在使用训练框架训练模型时，导出的训练结果通常包括一个模型结构定义文件和一个模型权重文件。两者有时会合并成一个文件，通常称为模型文件（或者检查点文件，这种文件形式实际上是计算图的一种体现），它主要包含以下两类关键信息。

(1) 模型结构：模型结构定义文件详细记录了计算节点的数量、类型以及它们之间的连接关系。这些信息共同定义了模型的整体架构，确保在加载模型时精确地重建出相同的结构。

(2) 模型参数：模型权重文件存储了模型在训练过程中学习到的权重、偏置等参数。这些参数使得在推理阶段加载模型时能够将模型恢复到训练结束时的状态，确保模型的表现与训练结束时一致。

简而言之，模型结构定义文件和模型权重文件是训练框架用于存储模型的关键文件，它们不仅包含模型的结构和权重信息，还记录了其他必要的参数信息。这些信息共同作用，使得模型可以快速重建并恢复到训练结束时的状态，从而在加载后能够执行预测任务。具体而言，这两个文件通常涵盖以下几类信息。

❑ 计算节点：通常代表计算操作，如加法、乘法、卷积等，也包括计算节点本身自带的参数信息，如卷积节点的步长、卷积核大小等。每个计算节点通常包含输入和输出，由张量数据结构来表示。为了表述方便，有时我们将计算节点简称为节点。

[①] 在计算图中，操作数通常可以理解为张量，但操作数比张量包含更多字段，我们在本书中将根据具体语境使用操作数或张量。

□ 边：表示计算节点之间的数据流，即数据在计算图之间的传递路径。边可以连接输入节点和输出节点，使得数据从一个计算节点传递到另一个计算节点。

□ 张量：计算图中的数据单元。我们在第 2 章中对张量的数据结构进行了详细的解释。张量的作用主要是在计算节点之间流动传递前驱节点的计算结果。

□ 权重：模型在训练过程中需要学习和优化的变量。在训练阶段，计算节点需要进行权重更新和梯度更新。在本书中，我们只关心推理阶段，在这一阶段，我们只需要加载模型的参数，并根据输入张量的值和模型的权重计算对应的输出值。

在实际操作中，深度学习推理框架会利用模型结构定义文件来构建计算图，并从模型权重文件中加载参数值。这样在给定输入数据时，计算图就可以根据这些参数进行计算，并生成相应的输出。总的来说，计算图、模型结构定义文件和模型权重文件是相互关联、相互补充的。它们共同确保了深度学习模型的准确性和可复现性，使得我们能够构建和部署各类复杂的神经网络模型。

在了解了计算图、模型结构定义文件和模型权重文件的基本概念之后，我们来更深入地探讨 KuiperInfer 所采用的计算图格式——PNNX（PyTorch Neural Network Exchange，PyTorch 神经网络交换）。PNNX 是腾讯 NCNN 推理框架默认支持的计算图格式之一，它在模型表示方面具有 3 个显著的优势。

(1) PNNX 的设计注重提供高层次的算子表示和操作，这样做的好处是简化了复杂算子的表示，使得研究人员和开发者能够更容易地理解模型中算子之间的逻辑关系。这种高层次的视图有助于保持模型的直观性和透明度。

(2) PNNX 强调模型计算图文件的可读性和可编辑性。这种格式的文件清晰地分为两部分：一部分详细定义了模型中的各个计算节点，另一部分则包含了这些节点相应的权重信息。这种分离使得模型的维护和调试变得更加直接。

(3) PNNX 自带一套转换工具链，极大地方便了用户将 PyTorch 模型转换为 PNNX 格式的计算图。这一特性不仅提高了模型部署的灵活性，还拓宽了模型的来源渠道。在转换过程中，PNNX 计算图的模型转换工具集成了图优化功能，包括消除冗余算子、优化计算图中的执行路径，以及对符合匹配规则的多个小算子进行算子融合，将它们结合成为一个较大的算子。PNNX 通过上述图优化手段和其他措施来提升计算图执行时的效率。

3.2　PNNX 计算图的转换

我们可以通过 PNNX 自带的工具链，将 PyTorch 模型转换为 PNNX 格式的计算图，主要分为两步：将 PyTorch 模型转换为 TorchScript 模型和将 TorchScript 模型转换为 PNNX 格式的计算图。本节将详细介绍具体流程。

3.2.1　将 PyTorch 模型转换为 TorchScript 模型

为了演示将 PyTorch 模型转换为 TorchScript 模型的过程，我们定义了一个简单的 PyTorch 模型，该模型只包含一个全连接计算节点 fc（我们将其视为一个计算节点），如代码清单 3-1 所示。

代码清单 3-1　一个简单的全连接 PyTorch 模型

```
1.  class Model(torch.nn.Module):
2.      def __init__(self):
3.          super().__init__()
4.          self.fc = torch.nn.Linear(224, 384)
5.
6.      def forward(self, inputs):
7.          outputs = self.fc(inputs)
8.          return outputs
9.
10. model = Model()
11. mod = torch.jit.trace(model, x)
12. mod.save("model.pt")
```

我们将该模型内部的逻辑关系简化描述为图 3-1，模型的输入张量为 inputs，inputs 传递给计算节点 fc，fc 作为一个全连接计算节点，会对该输入张量进行计算，并在得到结果 outputs 后返回。

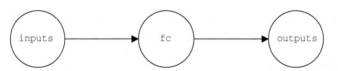

图 3-1　一个简单的全连接 PyTorch 模型

在代码清单 3-1 中，我们定义了简单的深度学习模块（nn.Module）之后，需要调用 torch.jit.trace 方法，该方法将 nn.Module 中的 forward 方法转换为一个可执行的 TorchScript 模块。在转换的过程中，可以使用代码追踪与解析、图优化、算子融合等优化技术，同时可以删除 forward 方法中未被执行的路径和计算节点。这些优化措施共同作用，提高了模型的执行效率，降低了内存和计算资源的消耗，同时确保了模型的可移植性和兼容性，使其能够在没有 Python 环境的设备上高效运行。

3.2.2　将 TorchScript 模型转换为 PNNX 格式的计算图

PNNX 在 GitHub 上（https://github.com/pnnx/pnnx/releases）发布了一系列版本的预编译包，我们可以将预编译包下载到本地文件夹并解压缩，推荐版本号为 20230217。根据 3.2.1 节的介绍，我们已经使用 PyTorch 对模型进行了转换，得到了一个名为 model.pt 的 TorchScript 格式的模型。在本节中，我们将对 model.pt 进行进一步的转换，转换命令如代码清单 3-2 所示，其中的

`inputshape` 是输出 PNNX 计算图的期望输入张量的形状。

代码清单 3-2 对 TorchScript 模型的转换

```
./pnnx model.pt inputshape=[1,3,224,224]
```

执行上述命令后将生成多个文件，我们只关注其中的 model.pnnx.param 和 model.pnnx.bin，它们分别是这个模型的结构定义文件和权重文件。我们可以用 Netron 软件打开模型的结构定义文件 model.pnnx.param（见图 3-2 右图），得到模型的可视化计算图表示（见图 3-2 左图）。

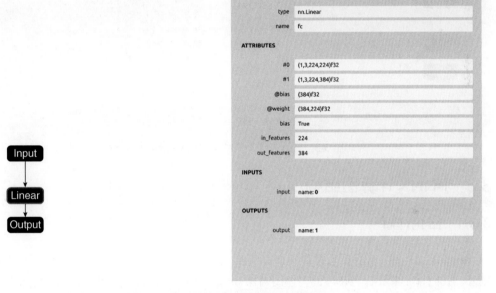

图 3-2 模型转换得到的 PNNX 计算图

在左侧的结构图中选中计算节点，则该计算节点的相关信息会显示在右侧面板中。当选中 Linear（全连接）计算节点时，右侧面板 NODE PROPERTIES 栏中的 type 表示该计算节点的类型，name 表示该计算节点的名称。ATTRIBUTES 栏中显示了该计算节点的权重信息，包括是否使用偏置（bias）、输入维度（in_features）、输出维度（out_features）等。INPUTS 栏中显示该计算节点的输入计算节点的编号，图中编号为 0，表示结构图中的 Input（输入）计算节点。

当选中 Output（输出）计算节点时，右侧面板中同样会显示该计算节点的类型（type）和名称（name），如图 3-3 所示。从图中可以看到 Output 计算节点的输入计算节点的编号为 1，也就是结构图中的 Linear 计算节点。

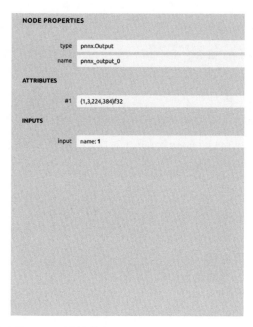

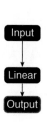

图 3-3　PNNX 计算图结构中的 Output 计算节点

3.3　PNNX 计算图结构

3.3.1　结构详解

正如前文所述，计算图通常包括计算节点、边，以及模型的参数等信息，PNNX 计算图也不例外。我们首先来看看 PNNX 的整体图结构 pnnx::Graph，它的作用是管理计算图中计算节点之间的相互作用以及操作数在计算节点之间的传递和转换。

计算节点是计算图中的各个节点，如图 3-2 中的输入、输出和全连接计算节点。每个计算节点都关联了一组输入操作数和输出操作数。计算节点也有其对应的参数，如全连接计算节点的输入维度和输出维度。对于那些有权重的节点，每个节点还会包括权重和偏置等其他参数。操作数通常与计算节点相互关联，用于表示与一个计算节点相关联的输入张量和输出张量。操作数结构中包括张量的类型、当前操作数的数据类型以及设备类型等关键信息。下面我们先来看看 pnnx.param 文件中对模型结构的定义，如代码清单 3-3 所示[1]。

---

[1] 由于纸质书版心的宽度限制，我们对部分代码行进行了适当的分拆。本书其他章节也存在类似的排版方式，请读者理解并知悉。

代码清单 3-3　pnnx.param 文件中的模型结构定义

```
1.  7767517
2.  3 2
3.  pnnx.Input pnnx_input_0 0 1 0
4.  #0=(1,3,224,224)f32
5.  nn.Linear fc 1 1 0 1 bias=True
6.  in_features=224 out_features=384
7.  @bias=(384)f32
8.  @weight=(384,224)f32
9.  #0=(1,3,224,224)f32
10. #1=(1,3,224,384)f32
11. pnnx.Output pnnx_output_0 1 0 1
12. #1=(1,3,224,384)f32
```

对核心代码实现的描述如下。

第 1 行：`7767517` 是一个固定的魔数（magic number）。

第 2 行：`3` 和 `2` 分别代表计算节点和操作数的数量。3 个计算节点依次为输入、全连接和输出计算节点。2 个操作数分别代表输入数据流（从输入计算节点到全连接计算节点）和输出数据流（从全连接计算节点到输出计算节点）。

第 3~12 行：记录每一个计算节点的相关信息。`pnnx.Input` 是整个计算图的输入计算节点，第 5 行的 `nn.Linear` 是该计算节点的类型（全连接层），`fc` 是该计算节点的名称。在 `1 1 0 1 bias=True` 中，`1 1 0 1` 的前两位分别表示与该计算节点相关联的输入操作数和输出操作数的数量，后两位分别表示输入操作数和输出操作数的编号。此外，第 6 行还记录了与全连接计算节点相关的参数信息，包括输入维度（`in_features=224`）和输出维度（`out_features=384`）以及相关权重数据的索引信息，方便在加载模型时从权重文件中读取相应的值。第 11 行表示创建一个输出计算节点，作为整个计算图的输出。

3.3.2　加载模型结构定义文件

在加载模型结构定义文件（pnnx.param 文件）时，我们可以逐行读取文件内容，并根据每行的类型进行相应的处理。当读取第 1 行时，我们可以提取其中的魔数并与标准进行对比，以验证文件格式的正确性。当读取第 2 行时，我们获得两个数字，并准备相应的空间来存放对应数量的计算节点和操作数。如此一来，我们就可以按照计算节点的数量，逐行读取模型结构定义文件，以读取每一行中记录的计算节点。我们参照代码清单 3-4 来看看以上步骤如何实现。

代码清单 3-4　加载 PNNX 模型结构定义文件中的参数（上）

```
1.  int Graph::load(const std::string& parampath, const std::string& binpath) {
2.      ...
3.      int magic = 0;
4.      {
5.          std::string line;
```

```
6.            std::getline(is, line);
7.            std::istringstream iss(line);
8.
9.            iss >> magic;
10.      }
11.      int operator_count = 0;
12.      int operand_count = 0;
13.      {
14.            std::string line;
15.            std::getline(is, line);
16.            std::istringstream iss(line);
17.
18.            iss >> operator_count >> operand_count;
19.      }
```

对核心代码实现的描述如下。

第 5~9 行：读取魔数的值并将其保存在名为 magic 的整型变量中。

第 11~19 行：读取计算节点和操作数的数量，对应模型结构定义文件，也就是代码清单 3-3 中的第 2 行，并将它们分别保存在名为 operator_count 和 operand_count 的变量中，这两个变量在后续读取所有计算节点时起到至关重要的作用。在 load 方法的后续实现中，将读取 operator_count 行的计算节点，对应模型结构定义文件第 2 行之后的内容。大家可以参考代码清单 3-5 来了解更详细的实现过程。

代码清单 3-5　加载 PNNX 模型结构定义文件中的参数（下）

```
1.  for (int i = 0; i < operator_count; i++) {
2.      std::string line;
3.      std::getline(is, line);
4.      std::istringstream iss(line);
5.      std::string type;
6.      std::string name;
7.      int input_count = 0;
8.      int output_count = 0;
9.
10.     iss >> type >> name >> input_count >> output_count;
11.     Operator* op = new_operator(type, name);
12.
13.     for (int j = 0; j < input_count; j++) {
14.         std::string operand_name;
15.         iss >> operand_name;
16.
17.         Operand* r = get_operand(operand_name);
18.         r->consumers.push_back(op);
19.         op->inputs.push_back(r);
20.     }
21.
22.     for (int j = 0; j < output_count; j++) {
23.         std::string operand_name;
24.         iss >> operand_name;
```

```
25.
26.          Operand* r = new_operand(operand_name);
27.          r->producer = op;
28.          op->outputs.push_back(r);
29.      }
30.      ...
31. }
```

以上代码用于逐行构建每个计算节点。load 方法通过第 1 行的 for 循环对每行定义下的计算节点信息进行遍历，并在第 10 行读取该行对应节点的类型、名称以及输入操作数和输出操作数的数量，分别记录在 type、name、input_count 和 output_count 这 4 个变量中，随后用这些信息创建计算节点 Operator 的实例 op（见第 11 行）。在 load 方法创建每个节点时，也会依次读取该计算节点相关联的 input_count 个输入操作数并存放到输入操作数数组变量 op.inputs 中，同时会将输入操作数关联到对应的计算节点 op 上，对应代码的第 13~20 行。同理，也会读取该计算节点相关联的 output_count 个输出操作数并存放到输出操作数数组变量 op.outputs 中（见第 22~29 行）。

以上就是在模型结构定义文件中读取参数的流程，它完成了一个计算图中所有计算节点以及输入操作数、输出操作数的创建，并且将计算节点与其对应的输入操作数、输出操作数进行相互绑定。

▶ 完整的实现代码请参考 course3_graph/source/ir.cpp。

本章不再详细叙述加载模型权重文件的步骤，请大家自行阅读 course3_graph/source/ir.cpp 中的 load_attribute 方法以及在 load 方法中对 load_attribute 方法的调用。load_attribute 方法详细说明了如何从模型权重文件 pnnx.bin 中加载对应名称和大小的权重，并将权重关联到每个计算节点的 op 中。在加载模型文件（包括模型结构定义文件和模型权重文件）的过程中，最重要的数据结构是 Operator，其定义如代码清单 3-6 所示。

代码清单 3-6　核心数据结构 Operator 的定义

```
1.  class Operator
2.  {
3.  public:
4.      std::vector<Operand*> inputs;
5.      std::vector<Operand*> outputs;
6.
7.      std::string type;
8.      std::string name;
9.
10.     std::vector<std::string> inputnames;
11.     std::map<std::string, Parameter> params;
12.     std::map<std::string, Attribute> attrs;
13. };
```

以上代码定义了 Operator 类的关键数据成员，这个类用于描述和操作深度学习推理模型中的计算节点，其中的数据成员包括输入操作数和输出操作数的指针列表、计算节点的类型与名称、输入操作数的名称列表，以及计算节点的参数和属性列表。借助这些数据成员，Operator 类可以有效地表示并操作该计算节点对应的输入操作数、输出操作数、参数和权重信息。

3.3.3 计算节点

通过深入了解计算图的整体结构和加载过程，我们对计算图创建每一个计算节点的时机和流程有了更清晰的认识。从本节开始，我们将更加深入地探讨计算图中 Operator 类的组成。首先，我们需要思考计算节点类型应该包含哪些元素。其次，我们需要定义相应的变量记录计算节点的名称、类型和相关参数（如卷积节点中的卷积核大小、填充的形式和大小等），比如使用字符串字段 name 来记录该计算节点的名称。对于带参数的计算节点，还需要记录其权重信息，如全连接算子中的权重。最重要的是，需要记录所有的前驱节点的信息，这样才能构建有效的计算图连接。

为了记录各种不同类型的参数，我们设计了一个 Parameter 类，根据不同的参数类型将参数的值存放在 Parameter 类不同的变量中，如将整型参数放到整型变量中，将字符串参数放到字符串变量中。带参数的计算节点的权重信息则会被保存在一个 int8_t 类型的变长数组中，后续可以根据需要将其重新解释为 float32、float64 等数据类型。在代码清单 3-6 中，params 数组记录了所有的参数信息，以参数的名称作为索引；attrs 数组记录了计算节点中不同的权重信息，并以权重的名称作为索引。这样做可以方便地管理和使用节点的参数和权重信息。

3.3.4 操作数

现在我们来看看 PNNX 中操作数结构 Operand 的实现，如代码清单 3-7 所示。

代码清单 3-7 操作数结构 Operand 的实现

```
1.  class Operand {
2.  public:
3.      Operator* producer;
4.      std::vector<Operator*> consumers;
5.      int type;
6.      std::vector<int> shape;
7.      std::string name;
8.      std::map<std::string, Parameter> params;
9.  };
```

Operand 结构包含以下几个关键成员：

❑ producer（生产者）指向产生该操作数的计算节点（以该操作数作为输出的计算节点）；

❑ consumers（消费者）是一个包含计算节点的数组，这些计算节点以该操作数作为输入，通常这些计算节点依赖该操作数进行后续的计算；

- ❑ type 表示操作数的数据类型；
- ❑ shape 是一个整型数组，用于表示操作数对应的张量的维度及每个维度的大小（即形状）；
- ❑ name 表示操作数的名称，通常作为其标识符，用于区分不同的操作数；
- ❑ params 是一个映射，存储与该操作数相关的参数信息，如常量值、超参数等。

3.3.5 参数和权重

根据前文所述，有些计算节点（如 nn.Linear）在结构中会包含一些参数，如是否使用偏置、步长大小、是否填充、数据填充形式等，用于定义计算节点本身。这些值被记录在参数类（如 Parameter）内部。参数类 Parameter 的定义如代码清单 3-8 所示。

代码清单 3-8　参数类 Parameter 的定义

```
1.  class Parameter {
2.  public:
3.      Parameter() : type(0) {}
4.      Parameter(bool _b) : type(1), b(_b) {}
5.      Parameter(int _i) : type(2), i(_i) {}
6.      Parameter(long _l) : type(2), i(_l) {}
7.      Parameter(long long _l) : type(2), i(_l) {}
8.      Parameter(float _f) : type(3), f(_f) {}
9.      ...
10.     // 0=null 1=b 2=i 3=f 4=s 5=ai 6=af 7=as 8=others
11.     int type;
12.     bool b;
13.     int i;
14.     float f;
15.     std::vector<int> ai;
16.     std::vector<float> af;
17.     std::string s;
18.     std::vector<std::string> as;
19. };
```

在上述代码中，type 变量用于记录参数类中值的类型。参数类中的值包含多种类型，如果是布尔类型的参数，则 type 等于 1，并将值记录在类内的布尔变量 b 中；如果是整型参数，则 type 等于 2，并将值记录在类内的整型变量 i 中；如果是浮点数组型参数，则 type 等于 6，并将数组值记录在变量 af 中。

▶ 完整的实现代码请参考 course3_graph/include/runtime/runtime_ir.hpp。

相比需要存放各种参数值的参数类，权重类相对简单，只需要存放权重的值和对应类型即可。因此，一个权重类应该包含以下变量：

- ❑ 权重数据的类型；
- ❑ 权重数据的维度，如对于一个卷积节点，需要记录卷积核组的维度；

❑ 权重数据，一般用单字节类型的数组保存。

我们来看看 PNNX 中的权重类 Attribute 的定义，如代码清单 3-9 所示。

代码清单 3-9　权重类 Attribute 的定义

```
1.  class Attribute {
2.  public:
3.      Attribute() : type(0) {}
4.      Attribute(const std::initializer_list<int>& shape,
5.              const std::vector<float>& t);
6.
7.      int type;
8.      std::vector<int> shape;
9.      std::vector<char> data;
10. };
```

在上述代码中，shape 用于保存权重的形状信息。例如，对于矩阵相乘这类计算节点，shape 的长度即为权重数据的维度。data 采用单字节类型来保存权重数据，在实际取用的时候，以 4 字节为一个单位进行读取，将其作为浮点权重。

3.4　KuiperInfer 计算图结构

为了更好地使用 PNNX 计算图，在 KuiperInfer 项目中，我们基于以下考虑，对 PNNX 计算图进行了再次封装。

(1) 可以将底层的 PNNX 计算图抽象为更高级的概念，以更加方便地理解和使用计算图。通过封装，可以将复杂的计算过程和操作整合成简单易用的模块，降低了使用 PNNX 计算图的门槛。

(2) 可以为 PNNX 计算图提供额外的扩展能力。通过封装，可以引入更多的计算图操作和功能，满足不同场景下的需求。

(3) 可以简化调试和优化过程。通过封装，可以提供更高级别的接口和工具，使得开发者能够更加方便地对计算图进行调试和优化，从而提高开发效率，减少开发时间，同时能够更好地解决计算图中的问题。

3.4.1　对操作数的封装

PNNX 中的每个操作数都与计算图中的计算节点相互绑定，用来存放计算节点的输入和输出数据。如果要在操作数结构中存放输入或输出数据，必须要有数据维度、数据数组以及数据类型等字段。在 PNNX 的操作数类 Operand 基础上封装的 RuntimeOperand 操作数结构自然也会包括以上字段，具体请看代码清单 3-10，其中 name 表示操作数的名称，shapes 表示操作数对应的张量的维度，datas 用于存储操作数的数据，type 表示输入操作数的类型，包括 int8、float32、float64 等。

代码清单 3-10 RuntimeOperand 操作数结构

```
1.  struct RuntimeOperand {
2.      std::string name;
3.      std::vector<int32_t> shapes;
4.      std::vector<std::shared_ptr<Tensor<float>>> datas;
5.      RuntimeDataType type = RuntimeDataType::kTypeUnknown;
6.  };
7.
8.  class Operand {
9.  public:
10.     Operator* producer;
11.     std::vector<Operator*> consumers;
12.     int type;
13.     std::vector<int> shape;
14.     std::string name;
15.     std::map<std::string, Parameter> params;
16. };
```

那么，如何将 PNNX::Operand 类中的数据转移到 RuntimeOperand 中呢？具体实现请参考 course3_graph/source/runtime_ir.cpp 中的 InitGraphOperatorsInput 和 InitGraphOperators-Output 方法。这两个方法分别用来处理一个计算节点的输入操作数和输出操作数，我们会对照两者的数据结构来讲解整体的思路。首先需要遍历所有的 PNNX 计算节点，并在遍历过程中执行如下操作。

(1) 直接对 RuntimeOperand 中的 shapes 和 type 等变量进行赋值，因为这些变量在 RuntimeOperand 和 PNNX::Operand 类中含义相同。

(2) 利用 Operand 中 type 的值对 RuntimeOperand 中的 type 进行赋值。RuntimeOperand 中的 type 是一个枚举类，包括代码清单 3-11 中的几个类型。如果 Operand 中 type 的值为 1，表示当前操作数的类型是单浮点数，那么相应的 RuntimeOperand 中 type 的值等于 kTypeFloat32。

代码清单 3-11 RuntimeDataType 枚举类的定义

```
1.  enum class RuntimeDataType {
2.      kTypeUnknown = 0,
3.      kTypeFloat32 = 1,
4.      kTypeFloat64 = 2,
5.      kTypeFloat16 = 3,
6.      kTypeInt32 = 4,
7.      kTypeInt64 = 5,
8.      kTypeInt16 = 6,
9.      kTypeInt8 = 7,
10.     kTypeUInt8 = 8,
11. };
```

(3) 根据操作数 Operand 的信息来初始化 RuntimeOperand，在初始化完成后，还要根据其所属的计算节点将其作为输入操作数或输出操作数插入与 RuntimeOperator 相关联的操作数数组中。这里的 `RuntimeOperator` 是对 **PNNX** 中的计算节点 `Operator` 的封装，我们将在后文中详细介绍。

3.4.2 对权重类的封装

正如 3.3.5 节所述，`Attribute` 类用于存储 **PNNX** 计算图中的权重。本节对该权重类进行封装，并对照封装前后的两个数据结构，看看数据是如何从 `Attribute` 中转移到 `RuntimeAttribute` 中的。`RuntimeAttribute` 类的定义如代码清单 3-12 所示。

代码清单 3-12 `RuntimeAttribute` 类的定义

```
1.  struct RuntimeAttribute {
2.      std::vector<char> weight_data;
3.      std::vector<int> shape;
4.      RuntimeDataType type = RuntimeDataType::kTypeUnknown;
5.
6.      template <class T>
7.      std::vector<T> get(bool need_clear_weight = true);
8.  };
9.
10. class Attribute {
11. public:
12.     Attribute() : type(0) {}
13.     Attribute(const std::initializer_list<int>& shape,
14.               const std::vector<float>& t);
15.
16.     int type;
17.     std::vector<int> shape;
18.     std::vector<char> data;
19. };
```

上述结构中的 `weight_data` 是一个存放权重数据的单字节可变长数组。若需要将这组单字节数据转换成特定类型，可以使用 `get` 方法，依据 `RuntimeAttribute` 中的数据类型 `type`，把其中的几字节作为一组进行类型转换。示例如图 3-4 所示。

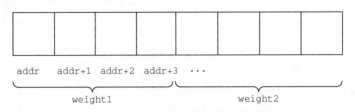

图 3-4 将多个单字节数据读取为权重的例子

在图 3-4 所示的示例中，我们使用 `get` 方法读取 `float32` 类型的权重数据，每 4 字节作为一组。当读取第 1~4 个单字节数据时，将其转换为第 1 个单浮点数；当读取第 5~8 个单字节数据时，将其转换为第 2 个单浮点数，以此类推，每次滑动的步长和每次读取的数据字节数都是数据类型的大小。假设 addr 为当前单字节数组的起始地址，现在需要将其作为 float32 类型的权重进行读取，而代码清单 3-13 中 weight_data_ptr 指针每滑动一次的距离就是 4 字节，我们将从 weight_data_ptr 开始的 4 字节读取为单浮点权重值 weight1。

代码清单 3-13　将单字节数组转换为对应的数据类型权重

```
1.  char* addr = weight_data.data();
2.  float*weight_data_ptr=reinterpret_cast<float*>(weight_data.data());
3.  float weight1 = *weight_data_ptr;
4.  float weight2 = *(weight_data_ptr + 1);
```

因此，我们需要编写一个方法（InitGraphAttrs）来完成从 Attribute 到 RuntimeAttribute 的转换。实现这个方法并不复杂，只需要将 PNNX::Attribute 对象中的权重数据数组以及权重的维度和类型信息复制到 RuntimeAttribute 对象中即可。值得注意的是，由于权重数据数组的长度是可变的，因此我们需要使用动态内存分配来创建一个与 PNNX::Attribute 对象中权重数据数组相同大小的新数组。

▶ 完整的实现代码请参考 course3_graph/source/runtime_ir.cpp。

3.4.3　对计算节点的提取和封装

RuntimeOperator 是 KuiperInfer 计算图中的核心数据结构，它的定义请参见 course3_graph/include/runtime/runtime_ir.hpp。RuntimeOperator 是对 PNNX::Operator 的再次封装，该类中的基本字段在 PNNX::Operator 的定义中都有对应字段，其中 name 和 type 分别表示计算节点的名称和类型，这两个类内变量的含义与 PNNX 中保持一致；input_operands 和 output_operands 分别表示计算节点的输入操作数和输出操作数的合集，用于保存该计算节点的输入和输出数据；attribute 和 params 分别用于记录 RuntimeOperator 对应计算节点的权重和参数信息。

二者也有不同之处。RuntimeOperator 中有一个数组变量 output_operators，用于记录后继节点，即以本节点的输出结果作为输入的节点。另外，RuntimeOperator 中有一个变量 has_forward，用于记录该计算节点在执行过程中是否已经被执行，最重要的是该类中有一个 Layer 类型的变量 layer，它是一个算子的基类，负责计算节点中的过程运算，它会从该计算节点的输入操作数合集 input_operands 中读取输入数据，并根据 Layer 类中编写的计算过程完成对应的运算，将结果存放在输出操作数合集 output_operands 中。

在不同的计算节点中，layer 变量是不同算子派生类的实例，但是它们都有一个共同的基类——Layer 类，如卷积节点中的 layer 变量是一个卷积算子类的实例。

为了将信息从 Operator 类中提取到 RuntimeOperator 类中，我们需要对 Operator 进行转换，这个转换过程体现在 course3_graph/source/runtime_ir.cpp 的 RuntimeGraph 类的 Init 方法中。Init 方法的实现需要遍历所有的 PNNX 计算节点，并在遍历过程中执行以下操作。

(1) 初始化一个 RuntimeOperator 对象，并根据 PNNX::Operator 中的算子类型和名称对 RuntimeOperator 中的字段进行赋值。

(2) 调用前文提到的 InitGraphOperatorsInput 方法，将 PNNX 对应计算节点上的所有输入操作数赋值给新实例化的 RuntimeOperator，同理对输出操作数进行赋值。

(3) 调用前文提到的 InitGraphAttrs 方法，将 PNNX 对应计算节点上的权重赋值给新实例化的 RuntimeOperator。

(4) 调用 InitGraphParams 方法将 PNNX 对应计算节点上的参数赋值给 RuntimeOperator。

(5) 将新创建的 RuntimeOperator 放到计算节点合集 operators 中，并以该计算节点的名称作为键-值对的索引。

3.4.4　对参数的提取和封装

在前文中，我们提到了 PNNX 中的类 Parameter。该类根据其内部变量 type 来确定参数的类型。如果参数是整型，type 的值为 2，参数值存储在 Parameter 类中的整型变量 i 中；如果参数是浮点型，type 的值为 3，参数值存储在 Parameter 类中的浮点型变量 f 中。在原始的 Parameter 类设计中，不管参数的实际类型是什么，都会为整型变量 i 和浮点型变量 f 以及其他类型的参数预留空间，这种实现方式会导致一个问题：对于单一类型的参数，总会有一定的空间被浪费，因为一个整型或浮点型参数只需要其中一种类型的存储空间。为了解决这个问题，并更有效地处理不同类型的参数，包括整型参数（如卷积核大小、步长）和字符串参数（如数据填充形式），我们采取了继承的方法，定义了多个派生类。

RuntimeParameter 是参数类的基类，根据参数类型的不同还有其他派生类，如 Runtime-ParameterInt 用于存储整型参数，RuntimeParameterString 用于存储字符串参数等，这样可以更好地组织和管理不同类型的参数信息。代码清单 3-14 是一个参数类的基类和存放整型参数的派生类的示例，基类中仅有一个 RuntimeParameterType 变量，用于记录参数的类型，而整型参数的派生类中还有一个 int 类型的 value 成员变量，用于记录参数的值。

代码清单 3-14　参数类 RuntimeParameter 的实现

```
1.  struct RuntimeParameter {
2.      virtual ~RuntimeParameter() = default;
3.      explicit RuntimeParameter(RuntimeParameterType type
4.          = RuntimeParameterType::kParameterUnknown)
5.          : type(type) {}
6.  };
7.  struct RuntimeParameterInt : public RuntimeParameter {
8.      RuntimeParameterInt()
```

```
9.             : RuntimeParameter(RuntimeParameterType::kParameterInt) {}
10.     int value = 0;
11. };
```

3.4.5　KuiperInfer 计算图的整体结构

到目前为止，我们已经详细讲解了 KuiperInfer 计算图的各个部分，我们将其整体结构总结在图 3-5 所示的 UML（Unified Modeling Language，统一建模语言）类图中。

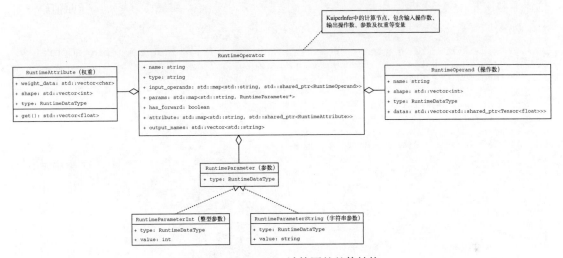

图 3-5　KuiperInfer 计算图的整体结构

从图 3-5 中可以清晰地看出 KuiperInfer 计算图的核心结构是 RuntimeOperator。该类中的大部分信息继承自 PNNX::Operator。有关 RuntimeOperator 的初始化和信息转移过程，我们在 3.4.3 节中做了详细介绍。在类图中可以明显地看到，RuntimeOperator 不仅包含节点的基本信息，如节点类型和节点名称，还包含该节点的参数信息（params）等。

params 是由多个子类组成的 RuntimeParameter 集合，包括 RuntimeParameterInt（用于表示 int 类型的参数）和 RuntimeParameterString（用于表示 string 类型的参数）等，从图 3-5 中可以看出 RuntimeParameter 类和它的两个子类之间的派生关系。参数、权重以及输入操作数、输出操作数这几个部分与计算节点之间是聚合关系——部分和整体的关系，也就是说，计算节点是由参数、权重以及输入操作数、输出操作数等部分组成的。

此外，计算节点中的权重以键-值对的形式存储在名为 attribute 的集合中。每个权重都包含具体的权重值、形状、数据类型等相关信息，并且可以通过 get 方法获取特定类型的权重值。

3.5 单元测试

3.5.1 测试模型的加载

我们在 3.3.2 节中提到了加载模型结构定义文件和权重文件的方法 load，这里我们对这个方法进行测试，如代码清单 3-15 所示。

代码清单 3-15 测试模型的加载

```
1.  TEST(test_ir, pnnx_graph_ops) {
2.      using namespace kuiper_infer;
3.      std::string param_path = "course3_graph/model_file/model.pnnx.param";
4.      std::string bin_path = "course3_graph/model_file/model.pnnx.bin";
5.      std::unique_ptr<pnnx::Graph> graph;
6.      graph = std::make_unique<pnnx::Graph>();
7.      int load_result = graph->load(param_path, bin_path);
8.      ASSERT_EQ(load_result, 0);
9.      const auto &ops = graph->ops;
10.     for (int i = 0; i < ops.size(); ++i) {
11.         const auto &op = ops.at(i);
12.         std::string op_name = op->name;
13.         LOG(INFO) << op_name;
14.         if (op_name == "fc") {
15.             for (const auto &attr : op->attrs) {
16.                 LOG(INFO) << attr.first << "\n";
17.             }
18.         }
19.     }
20. }
```

对核心代码实现的描述如下。

第 3~4 行：指定模型结构定义文件的路径 param_path 和对应的权重文件的路径 bin_path。

第 5~7 行：创建 pnnx::Graph 对象并调用 load 方法，使用指定的结构定义文件和权重文件加载模型。load_result 用于接收加载结果代码，如果发生错误，load_result 将不为 0，可能原因包括路径不正确或模型文件不符合规范等。

第 10~13 行：在模型成功加载后，通过遍历 ops 容器逐行打印各个计算节点的名称。

第 14~18 行：对于名称为 fc 的全连接计算节点，打印其所有相关属性的名称（如 weight 和 bias），以检查该节点的权重信息。

3.5.2 测试 PNNX 中的计算节点

使用 load 方法完成 PNNX 计算图的构建后，我们可以进一步通过单元测试了解计算节点 PNNX::Operator 中各个字段的具体含义，如代码清单 3-16 所示。

代码清单 3-16 输出模型中计算节点的参数信息

```
1.   TEST(test_ir, pnnx_graph_ops) {
2.       ...
3.       graph = std::make_unique<pnnx::Graph>();
4.       int load_result = graph->load(param_path, bin_path);
5.       const auto &ops = graph->ops;
6.       for (int i = 0; i < ops.size(); ++i) {
7.           const auto &op = ops.at(i);
8.           std::string op_name = op->name;
9.           LOG(INFO) << op_name;
10.          if (op_name == "linear") {
11.              LOG(INFO) << "About nn.linear node";
12.              for (const auto &attr : op->attrs) {
13.                  LOG(INFO) << attr.first << "\n";
14.              }
15.              for (const auto &input : op->inputs) {
16.                  LOG(INFO) << "input name: " << input->name
17.                            << " type: " << input->type;
18.              }
19.
20.              for (const auto &output : op->outputs) {
21.                  LOG(INFO) << "output name: " << output->name
22.                            << " type: " << output->type;
23.              }
24.
25.              for (const auto &param : op->params) {
26.                  LOG(INFO) << "param name: " << param.first;
27.              }
28.          }
29.      }
30.  }
```

对核心代码实现的描述如下。

第 3 行：创建 pnnx::Graph 对象。

第 4 行：调用 load 方法加载模型结构定义文件和权重文件，并返回加载结果代码 load_result。

第 5 行：获取 graph 中的计算节点列表 ops。

第 6~8 行：遍历计算节点，提取每个节点的名称 op_name 并打印。

第 10~14 行：打印名称为 linear 的节点的相关信息，包括节点类型标识和所有属性的名称。

第 15~18 行：打印每个输入操作数的名称和类型。

第 20~23 行：打印每个输出操作数的名称和类型。

第 25~27 行：在循环中依次打印节点的参数信息，包括输入维度（in_features）、输出维度（out_features）和是否有偏置（bias）。

▶ 完整的实现代码请参考 course3_graph/test/test_ir.cpp 中的 pnnx_graph_ops。

3.5.3 测试 PNNX 中的操作数

本单元测试首先获取该模型文件中的所有操作数 operands，然后在 for 循环中对操作数进行循环遍历，依次输出操作数对应的张量的维度、生产者和消费者等计算节点相关的信息。可以从单元测试的输出看出，计算图中的第一个操作数对应的张量的维度为 1×32，它由输入节点 pnnx_input_0 产生并作为全连接计算节点 fc 的输入使用，第二个操作数的维度为 1×128，它由全连接计算节点 fc 计算得到，随后作为整个计算图的输出操作数。

▶ 完整的实现代码请参考 course3_graph/test/test_ir.cpp 中的 pnnx_graph_operands。

3.5.4 测试 PNNX 计算节点的权重

在本单元测试中，我们对所有的计算节点进行遍历，获取其中所有的属性 attrs，并输出所有属性的名称和它对应的维度。pnnx_graph_attrs 方法会依次输出每个带权重节点中权重的维度，先是输出 weight:128×32，表明该计算节点（nn.Linear）的权重维度是 128×32；随后输出 bias:128，表示该全连接节点的偏置维度为 128。

▶ 完整的实现代码请参考 course3_graph/test/test_ir.cpp 中的 pnnx_graph_attrs。

3.6 小结

首先，我们介绍了计算图的基本概念和构成，计算图一般包括计算节点、边、张量、权重等信息；阐述了从 PyTorch 模型逐步转换为 PNNX 计算图的方法；探讨了 PNNX 计算图的结构以及对应的加载方法，包括计算节点、操作数、参数和权重等。随后，我们介绍了 KuiperInfer 对 PNNX 计算图中数据结构的封装方法以及封装后对外的接口，通过 UML 类图展示了 KuiperInfer 计算图中各类之间的关系及其在计算图中的角色，目的是让大家更好地理解计算图的各个模块。最后，我们精心设计了一系列单元测试，旨在验证本章所实现的计算图功能的正确性。

下一章我们将学习计算图的构建。

3.7 练习

请完善 InitGraphParams 方法。该方法完成参数数据从 PNNX::Parameter 类到 Runtime-Parameter 类的转移。完成后，需要通过 pnnx_graph_all_homework 单元测试进行测试，该单元测试的参考代码位于 course3_graph/test/test_ir.cpp 中。

第 4 章

计算图的构建

本章深入阐释构建计算图的过程，首先介绍确定计算节点执行顺序的方法，随后探讨拓扑排序的方式、实现思路和编程实现等，然后详细介绍构建计算图的具体流程，包括检查计算图状态、确定计算节点的执行顺序、申请存储空间及更新状态等。最后，本章通过单元测试验证计算节点的拓扑排序、计算图状态变化及输出空间初始化等功能是否正确实现。

4.1　计算节点的执行顺序

在第 3 章中，我们详细介绍了如何从模型的结构定义文件和权重文件中提取模型中每一层的信息，并利用这些信息初始化所有的计算节点，包括计算节点中的权重、参数，计算节点之间的连接关系以及输入/输出张量等。在计算节点开始执行之前，还有一项关键信息需要确定，那就是计算节点的执行顺序，这也是本章所关注的内容之一。

通常情况下，深度学习模型的计算图是一个由有限数量的顶点和边构成的有向无环图（但在某些特定类型的网络，如循环神经网络中，计算图可能包含环）。图中的顶点代表模型结构中的一个计算节点，可以用来表示加法、卷积、池化等多种类型的操作；而图中的边则表示计算节点之间的连接、依赖关系以及数据流动的方向。模型的结构决定了计算节点的执行顺序。如果两个节点之间有依赖关系，比如 B 节点的执行依赖于 A 节点的执行结果，那么可以说 A 节点是 B 节点的前驱节点，而 B 节点是 A 节点的后继节点。换句话说，后继节点的输入依赖于前驱节点的输出，所以，通常情况下我们必须等待前驱节点执行完毕，才能执行后继节点（某些深度学习框架可能会通过并行计算或流水线技术优化执行顺序）。

以图 4-1 所示的简单计算图为例，该计算图包括 3 个顶点（Node1、Node2 和 Node3）和两条边（分别是从 Node1 到 Node2 和从 Node1 到 Node3 的边）。Node1 是 Node2 和 Node3 的前驱节点，即 Node2 和 Node3 的执行都依赖于 Node1 的输出结果，这意味着 Node2 和 Node3 在 Node1 完成执行之后才能依次执行。由于 Node2 和 Node3 之间没有直接的有向连接，也就是说这两个节点之间不具有固定的依赖关系，因此可以灵活安排 Node2 和 Node3 的执行顺序。

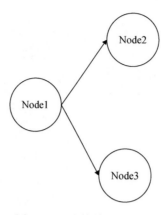

图 4-1 一个简单的计算图

4.2 拓扑排序

4.2.1 基于深度优先的拓扑排序

如果我们能明确计算图中各计算节点间的依赖与连接关系，那么可以借助深度优先搜索进行拓扑排序，从而确定模型计算图这一有向无环图结构中所有计算节点的执行顺序。下面简要介绍利用深度优先搜索进行拓扑排序的方法。

(1) 在模型的计算图中选取一个入度为 0 的节点作为起始节点。入度为 0 意味着没有其他节点直接指向该节点，在深度学习模型的计算图中，这样的节点通常代表模型的输入节点。

(2) 从选定的起始节点之后，递归地访问每一个未被访问的邻接节点。邻接节点是由当前节点直接指向的其他节点，也就是当前节点的后继节点。

(3) 当访问到一个节点且该节点的所有邻接节点均已访问完毕（不存在未被访问的后继节点）时，便将该节点存入一个后进先出的栈结构中，随后便回溯到上一级节点并寻找上一级节点中未被访问的邻接节点继续递归访问。

(4) 重复上述步骤，直至所有节点都被存入栈中。最后按照从栈中弹出的顺序，即可得到整个计算图的拓扑序列。

下面以由 6 个计算节点组成的有向无环图为例来说明以上方法，如图 4-2 所示。

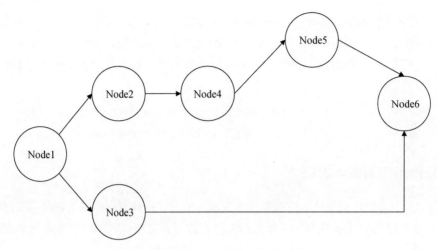

图 4-2 由 6 个计算节点组成的有向无环图

图 4-2 中的 6 个计算节点两两之间存在相互依赖的执行关系。例如，Node5 节点必须等待 Node4 节点执行完毕后才能开始自己的计算；Node6 节点则必须在 Node3 和 Node5 节点都完成执行后才能启动。在深入探讨算法之前，我们需要先了解一下"出度"和"入度"的概念。出度指的是从当前节点出发，指向图中其他节点的边的数量。在图 4-2 中，Node1 节点后面跟着两个节点，即 Node2 和 Node3，因此 Node1 的出度为 2；而 Node4 节点只有一个后继节点，即 Node5，因此它的出度为 1。入度与出度相对，指的是其他节点指向当前节点的边的数量。例如对于 Node6 而言，节点 Node3 和 Node5 指向它，所以 Node6 的入度为 2。以下是基于深度优先的拓扑排序的具体流程，这里存放结果的序列是一个栈式序列，元素的存取遵循后进先出的顺序。

(1) 指定一个起始节点，也就是模型的输入节点。在图 4-2 中，起始节点为 Node1。

(2) 遍历起始节点 Node1 的所有后继节点。它的后继节点包括 Node2 和 Node3，程序会在遍历时选择其中之一，这里以选择 Node2 为例。

(3) 递归遍历 Node2 的后继节点至 Node4，再从 Node4 遍历后继节点至 Node5，直至从 Node5 遍历到 Node6。由于 Node6 没有后继节点，因此我们将 Node6 存放到结果序列中。值得注意的是，在访问到某个节点时，需要将该节点内部的已访问标记置为 true，以防止其他节点重复访问。目前得到的结果序列是[Node6]。

(4) 当从没有后继节点的 Node6 访问结束后返回时，递归调用会回溯到 Node5。由于 Node5 在 Node6 访问结束后也没有未被访问的后继节点了，因此我们将 Node5 放入结果序列中。此时，结果序列中的元素更新为[Node6, Node5]。以此类推，可得到结果序列[Node6, Node5, Node4, Node2]。

(5) 当从 Node2 返回到 Node1 时，发现 Node1 还有一个未被访问的后继节点 Node3，便对 Node3 进行访问。由于 Node3 的后继节点 Node6 已经被访问，因此不再进行更深层次的递归访问，而将 Node3 放入结果序列中，此时的结果序列变为[Node6, Node5, Node4, Node2, Node3]。

（6）当程序再次回到 Node1 时，不难发现 Node1 的所有后继节点都已经被访问，所以将 Node1 放入结果序列中，得到[Node6, Node5, Node4, Node2, Node3, Node1]。至此，我们完成了对计算图中所有节点进行拓扑排序的过程，随后只需要将此结果序列中的所有元素依次弹出就可得到最终的拓扑执行序列。

此例得到的拓扑执行序列是[Node1, Node3, Node2, Node4, Node5, Node6]，计算图中的所有计算节点只要按照这个顺序执行，就可以确保节点之间的依赖关系正确。

4.2.2　拓扑排序的实现思路

在第 3 章中，我们已经构建了所有的计算节点并填充了计算节点中的关键信息，包括节点的参数、权重以及输入/输出张量等，这里重点关注当前计算节点的所有后继节点的名称，也就是每个计算节点类中的 output_names 变量。首先，我们回顾一下 RuntimeOperator 结构体的定义，详见代码清单 4-1。该结构体中包括节点对应的参数、权重、后继计算节点等关键信息。

代码清单 4-1　RuntimeOperator 结构体的定义

```
1.  struct RuntimeOperator {
2.      virtual ~RuntimeOperator();
3.
4.      bool has_forward = false;
5.      std::string name;                       // 计算节点的名称
6.      std::string type;                       // 计算节点的类型
7.      std::shared_ptr<Layer> layer;           // 节点对应的计算 Layer
8.      std::vector<std::string> output_names;  // 输出节点的名称
9.      std::shared_ptr<RuntimeOperand> output_operands; // 节点的输出操作数
10.     // 节点的输入操作数
11.     std::map<std::string, std::shared_ptr<RuntimeOperand>> input_operands;
12.     // 节点的输入操作数，按顺序排列
13.     std::vector<std::shared_ptr<RuntimeOperand>> input_operands_seq;
14.     // 输出节点的名称和节点对应
15.     std::map<std::string,
16.             std::shared_ptr<RuntimeOperator>> output_operators;
17.     // 算子的参数信息
18.     std::map<std::string, RuntimeParameter *> params;
19.     // 算子的属性信息，内含权重信息
20.     std::map<std::string, std::shared_ptr<RuntimeAttribute>> attribute;
21. };
```

一个 RuntimeOperator 的实例可代表图 4-1 和图 4-2 中有向无环图的任意一个计算节点。在该类结构中，我们使用 output_names 变量来表示当前节点与它的后继节点之间的连接关系，也就是说 output_names 字符串数组中存放了该节点的所有后继节点的名称。对于图 4-2 而言，如果 Node1 是一个 RuntimeOperator 的实例，那么 Node1 的 output_names 中存放的是它的所有后继节点的名称，即 Node2 和 Node3，我们正是以这种方式构建了节点之间的相互依赖关系，换句话说，只有当 Node1 执行完毕后，存放在 output_names 中的两个后继节点才有资格执行。

我们再来复习一下 RuntimeOperator 类中的成员变量,这些成员变量包括计算节点的类型和名称,即 type 和 name;用于存放当前节点的所有后继节点的 output_operators;分别代表当前计算节点输入操作数和输出操作数的 input_operands 和 output_operands。

在第 3 章中,我们通过调用 Init 方法并传入模型的结构定义文件和权重文件来初始化模型的计算图,初始化完成后,每个计算节点类中的 output_names 变量记录了其所有后继节点的名称,而此时 output_operators 成员变量是空的,在后续的处理中,程序需要根据 output_names 变量中记录的后继节点名称在计算节点集合中找到对应的计算节点实例,并将它们正确地填充到 output_operators 中,以确保计算图中节点间的连接关系准确无误。在 4.2.1 节中,我们介绍了基于深度优先的拓扑排序方法,为了便于大家理解,我们再简单地回顾一下流程。

(1) 首先指定一个入度为 0 的起始节点,也就是计算图中的输入节点,如图 4-2 中的 Node1。然后根据 Node1 成员变量 output_operators 中记录的后继节点,依次对所有的后继节点进行递归遍历。

(2) 选择 Node1 的任意后继节点进行遍历,当选择 Node2 时,对 Node2 的所有后继节点进行递归遍历,以此类推。当在递归遍历节点的过程中遇到一个没有后继节点或其所有的后继节点都已被访问的节点时,我们就把该节点放到后进先出的结果序列中,并将该节点的 has_forward 变量置为 true 来避免重复访问。

(3) 将符合条件的节点放入结果序列后,我们再回溯到该节点的前驱节点,并访问前驱节点中其他未被访问的后继节点。

(4) 重复步骤(1)~步骤(3),直到访问完所有节点的所有后继节点。

(5) 当所有节点都被放入结果序列后,我们逐个弹出这个后进先出的结果序列中的节点元素,就可以得到最终的拓扑排序结果。

结合以上思路,我们将在下文中介绍如何用代码实现这一过程。在进行拓扑排序之前,我们首先需要填充当前节点的后继节点数组 output_operators。

4.2.3 构建节点之间的图关系

代码清单 4-2 是计算图用于为每个计算节点寻找后继节点的方法 RuntimeGraph::Build(简称 Build)的一部分,this->operators_是我们事先调用 Init 方法,并根据传入的模型结构定义文件得到的所有计算节点的集合,这个集合中的每一个元素都是一个计算节点 Runtime-Operator 的实例,从第 1 行可以看出,我们将通过遍历这个集合构建计算节点之间的依赖关系。

代码清单 4-2　寻找后继节点的方法(部分)

```
1.  for (const auto &current_op : this->operators_) {
2.      // 获取当前节点的所有后继节点的名称 output_names
3.      // 遍历:根据 kOutputName 确定要在 operators_maps_ 中插入的后继节点
```

```
4.       const std::vector<std::string> &output_names = current_op->output_names;
5.       for (const auto &kOutputName : output_names) { // 找到名称为 kOutputName 的后继节点
6.           if (const auto &output_op = this->operators_maps_.find(kOutputName);
7.               output_op != this->operators_maps_.end()) {
8.               current_op->output_operators.
9.                       insert({kOutputName, output_op->second});
10.              // 将该后继节点插入当前节点的后继节点列表中
11.          }
12.      }
13. }
```

首先，我们获取当前节点 current_op 的所有后继节点的名称 output_names。例如，在图 4-2 中，如果 current_op 代表计算节点 Node1，那么 output_names 将包含 Node2 和 Node3。接下来，我们遍历 output_names 中的每个后继节点名称（见第 5 行）。然后，根据后继节点的名称在计算节点集合中找到对应名称的节点实例。例如，对于 Node1，我们会根据其后继节点的名称在计算节点集合中找到 Node2 和 Node3 节点（见第 6~7 行），并将它们存放在当前计算节点 Node1 的后继节点列表 output_operators 中（见第 8~9 行）。当程序运行完毕后，每个计算节点的 output_operators 变量都将包含其所有的后继节点，以便于后续使用。

4.2.4 拓扑排序的编程实现

在为每个计算节点找到其后继节点并记录之后，我们将根据 4.2.2 节所述的思路以编程的形式实现拓扑排序。逆拓扑排序函数 ReverseTopo 的实现如代码清单 4-3 所示。该函数名表明其得到的结果和真正的拓扑序列是相反的，即需要对结果列表进行反序操作才可以得到正序的拓扑序列。该函数的参数 root_op 代表起始节点，一般是整个模型计算图的输入节点（数量大于或等于 1 个）。

代码清单 4-3　逆拓扑排序函数 ReverseTopo 的实现

```
1.  void RuntimeGraph::ReverseTopo(
2.      const std::shared_ptr<RuntimeOperator> &root_op) {
3.      CHECK(root_op != nullptr) << "current operator is nullptr";
4.      root_op->has_forward = true;
5.      const auto &next_ops = root_op->output_operators;
6.      for (const auto &[_, op] : next_ops) {
7.          if (op != nullptr) {
8.              if (!op->has_forward) {
9.                  this->ReverseTopo(op);
10.             }
11.         }
12.     }
13.
14.     for (const auto &[_, op] : next_ops) {
15.         CHECK_EQ(op->has_forward, true);
16.     }
17.     this->topo_operators_.push_back(root_op);
18. }
```

在代码清单 4-3 的第 5 行，获取起始节点 root_op 的所有后继节点 next_ops。回顾 4.2.3 节中的 Build 方法，这些后继节点是如何通过当前节点中保存的后继节点名称被查找出来的？在模型的初始化阶段，我们先是依据模型的结构信息对 output_names 数组进行了填充，该数组包含某个计算节点的所有后继节点的名称，随后我们利用这些名称在计算节点的集合中查找对应的后继节点实例，并把它们存储在当前节点的 output_operators 列表中。如此一来，每个节点都能够确切地知晓其后继节点的信息，从而为拓扑排序提供了必要的连接信息。

第 6 行对当前节点的所有未被访问的后继节点进行递归遍历。对于每个后继节点，我们以同样的方式进行处理，也就是递归地访问它的后继节点。当完成对一个节点的所有后继节点的递归访问后，我们就会将该节点放入拓扑序列中，这在第 17 行有所体现。还有一点需要注意，在访问当前节点时，我们需要将它的访问变量 has_forward 设置为 true。这样可以避免在后续的遍历过程中对同一个节点进行重复访问，确保每个节点只被访问一次。

由于使用深度优先遍历得到的执行顺序是反序的，即拓扑序列中最先执行的节点会被放在结果序列的最末端位置，因此在 ReverseTopo 方法返回后，我们还需要对结果序列中的节点进行反序处理以得到正确的执行顺序。代码如下所示。

```
std::reverse(topo_operators_.begin(), topo_operators_.end());
```

4.2.5 延伸：基于广度优先的拓扑排序

前文介绍了基于深度优先的拓扑排序的实现方法，那么如果基于广度优先，我们应该怎么做呢？这里给出一个思路供大家参考。

基于广度优先的拓扑排序也需要指定一个开始遍历的节点，一般也是模型计算图的输入节点。除此之外，还需要一个先进先出的队列来临时记录所有的可执行节点。

(1) 选择一个入度为 0 的节点作为起始节点，将其加入队列中保存。

(2) 从队列中取出一个节点并将该节点从队列中移除，随后查找所有直接依赖于该节点的后继节点，并将它们的入度减 1。

(3) 如果在减去当前节点的依赖后，某个后继节点的入度变为 0，表明该后继节点就绪，我们可将该后继节点加入队列，同时将该后继节点加入记录拓扑排序结果的列表中，从而最终形成拓扑排序的结果。也就是说，当一个节点的所有前驱节点（包括当前节点）都已完成访问时，它便满足加入队列的条件。

(4) 不断循环执行步骤(2)和步骤(3)，直至队列中的元素全部处理完毕。

在此过程中，生成的拓扑排序结果将依次记录在步骤(3)所提及的列表中。大家可以按照这个思路尝试编写基于广度优先的拓扑排序代码。

4.3 构建计算图的流程

计算图的构建不仅包括计算节点的初始化以及利用拓扑排序来确定计算节点的执行顺序,还包括为每个计算节点的输入张量和输出张量预先分配存储空间,以及计算图状态的转换等多个方面。接下来,我们先探讨一下计算图状态转换的具体内容。计算图有以下 3 种状态。

(1) NeedInit(待初始化):这是计算图的初始状态,意味着计算节点尚未进行初始化。

(2) NeedBuild(待构建):在此状态下,所有计算节点已经完成初始化。程序接下来将确定它们的执行顺序,并为它们分配输入空间和输出空间。

(3) Complete(构建完成):计算图构建完成,各个计算节点已经准备好按照顺序执行。

在第 3 章中,我们详细介绍了 Init 方法,该方法负责根据模型的结构定义文件和权重文件来初始化所有计算节点,包括参数、权重以及输入张量和输出张量。当 Init 方法结束之后,计算图的状态会从 NeedInit 变为 NeedBuild,在这个过程中,除了初始化节点的参数和权重,还会记录计算节点间的依赖关系。

下面我们将重点讨论如何在构建方法中实现从 NeedBuild 状态到 Complete 状态的转变,在这一转变过程中需要进行拓扑排序,并为每个计算节点分配输入空间和输出空间。

4.3.1 状态检查

在 Build 方法中,如果检测到计算图的状态为 NeedInit,则表示模型对应的计算图还未进行初始化。在这种情况下,我们需要先调用 Init 方法来完成计算图的初始化工作,具体可参考代码清单 4-4 中的第 9 行对 Init 方法的调用。Init 方法的完整代码和实现逻辑可参考第 3 章中的相关内容。如果当前状态为 NeedBuild,表明计算图已经完成初始化,可以进入计算图构建的后续流程。

代码清单 4-4　在计算图构建方法(Build)中检查计算图的状态

```
1.   void RuntimeGraph::Build(const std::string &input_name,
2.                            const std::string &output_name) {
3.       if (graph_state_ == GraphState::Complete) {
4.           LOG(INFO) << "Model has been built already!";
5.           return;
6.       }
7.
8.       if (graph_state_ == GraphState::NeedInit) {
9.           bool init_graph = Init();
10.          LOG_IF(FATAL, !init_graph) << "Init graph failed!";
11.      }
12.      LOG_IF(FATAL, this->operators_.empty())
13.          << "Graph operators is empty, may be no init";
14.      ...
```

此外，我们还需确保计算图中的计算节点列表非空，即 `operators_` 列表非空，相关检查如代码的第 12~13 行所示。关于 `Build` 方法的其他细节，我们将在 4.3.2 节中进行详细讨论。使用 `Build` 方法的目的是获得拓扑排序的执行序列，并为每个计算节点分配输入空间和输出空间。另外，当 `Build` 方法执行结束之后，我们需要将 `graph_state_` 变量置为 `GraphState::Complete`，表示计算图构建完成。

▶ 完整的实现代码请参考 course4_buildgraph/source/runtime_ir.cpp。

4.3.2　计算节点数据空间的初始化

我们需要为计算图中的每个节点的输入张量和输出张量分配相应的存储空间。包含输入空间和输出空间大小信息的计算图如图 4-3 所示。

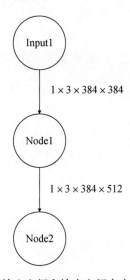

图 4-3　包含输入空间和输出空间大小信息的计算图

在图 4-3 中，没有直接展示输入节点，对于 Node1，我们需要为其分配一个大小为 $1 \times 3 \times 384 \times 384$ 的输入空间和一个大小为 $1 \times 3 \times 384 \times 512$ 的输出空间。同样地，Node2 也需要有足够的空间来存储其输入张量和输出张量，其输入空间和输出空间的大小均为 $1 \times 3 \times 384 \times 512$。

我们回忆一下，在计算节点 `RuntimeOperator` 中，有一个名为 `output_operands` 的成员变量，用于存储计算节点的输出数据，它是 `RuntimeOperand` 类的一个实例。根据计算节点存储输出数据的具体需求，`output_operands` 应该包含以下信息：一个用于存储数据的大小合适的张量数组（`RuntimeOperand` 类中的 `datas` 张量数组），一个记录操作数维度信息的数组，操作数的数据类型信息，空间命名等相关信息。具体实现可以参考代码清单 4-5。

代码清单 4-5 RuntimeOperand 类的定义

```
1.  struct RuntimeOperand {
2.      std::string name; // 操作数的名称
3.      std::vector<int32_t> shapes; // 操作数的形状（表示对应张量的维度信息）
4.      std::vector<std::shared_ptr<Tensor<float>>> datas; // 存储操作数对应的张量数组
5.      RuntimeDataType type =
6.          RuntimeDataType::kTypeUnknown;  // 操作数的数据类型，一般是 float
7.  };
```

构建方法（Build）的任务之一是初始化每个计算节点的输出操作数 output_operands，这是为了确保有足够的空间来存储计算结果。实现这一目标的基本思路如下：获取每个节点的维度信息；确定并指向需要初始化的输出操作数；根据维度信息对其中的数据空间进行初始化。

下面我们将根据这个思路，详细阐述具体实现步骤。

(1) 对所有计算节点进行遍历，并在遍历过程中收集每个节点的维度信息。这些信息将用于初始化节点中存储输出数据的空间 output_operands。实现方法可参考代码清单 4-6。

代码清单 4-6 在 InitOperatorOutput 方法中获取维度信息

```
1.  pnnx::Operand* operand = operands.front();
2.  const auto& runtime_op = operators.at(i);
3.
4.  std::vector<int32_t> operand_shapes;
5.  for (int32_t dim : operand->shape) {
6.      CHECK_GT(dim, 0);
7.      operand_shapes.push_back(dim);
8.  }
```

在这个方法中，runtime_op 代表当前正在遍历的计算节点，而 operand 则对应于该节点的 pnnx 操作数。在代码的第 4~7 行，我们获取了操作数的空间大小并存入维度信息数组，即 operand_shapes 中。以图 4-3 中的 Node1 为例，这里的 operand_shapes 就是该节点的输入空间大小，即 $1 \times 3 \times 384 \times 384$。

(2) 当前计算节点 runtime_op 需要初始化的输出操作数是 output_operands，也就是前文中提到的当前计算节点的输出操作数，它的存在是为了存储计算节点的计算结果。每个输出操作数都有自己的数据类型（如整型、浮点型等）、维度信息（数据的形状或结构）以及用于实际存储计算结果的张量数组。在计算节点执行之前，需要获取并初始化 output_operands 输出操作数（见代码清单 4-7），以确保其具有正确的数据类型、维度信息和足够的存储空间来保存计算结果。

代码清单 4-7 在 InitOperatorOutput 方法中获得当前输出操作数

```
1.  const int32_t batch = operand_shapes.front();
2.  const auto& output_operands = runtime_op->output_operands;
```

(3) 根据第(1)步所获取的输出空间维度信息，对当前计算节点中输出操作数的数据空间进行初始化。以图 4-3 中的 Node2 节点为例，其输出操作数（output_operands）的形状为 $1 \times 3 \times 384 \times 512$，这些具体的维度信息已经被记录在 operand_shapes 数组中，我们将在代码清单 4-8 中根据 operand_shapes 数组初始化对应维度的张量，并把它放在当前节点的输出操作数 output_operands 对应的张量数组中。

代码清单 4-8 在 `InitOperatorOutput` 方法中获得输出操作数的存储空间

```
1.  for (uint32_t j = 0; j < batch; ++j) {
2.      sftensor tensor;
3.      switch (operand_shapes.size()) {
4.          case 4: {
5.              tensor = TensorCreate<float>(operand_shapes.at(1),
6.                                    operand_shapes.at(2), operand_shapes.at(3));
7.              break;
8.          }
9.          case 3: {
10.             tensor = TensorCreate<float>(operand_shapes.at(1),
11.                                   operand_shapes.at(2));
12.             break;
13.         }
14.         case 2: {
15.             tensor = TensorCreate<float>(operand_shapes.at(1));
16.             break;
17.         }
18.         default: {
19.             LOG(FATAL) << "Unknown output operand shape length: "
20.                        << operand_shapes.size();
21.             break;
22.         }
23.     }
24.     output_operand_datas.push_back(tensor);
25. }
```

(4) 经过前 3 个步骤的处理，计算节点中的输出操作数已成功申请到用于存储输出数据的空间。在这一步中，我们需要对 RuntimeOperand 类进行整体实例化，如代码清单 4-9 所示，包括将操作数的名称、维度信息、类型和数据存储空间填入其中。当输出操作数实例化结束后，还需要将它赋值给当前节点 runtime_op 的输出操作数变量 output_operands。

代码清单 4-9 在 `InitOperatorOutput` 方法中对输出操作数进行实例化

```
1.  runtime_op->output_operands = std::make_shared<RuntimeOperand>(
2.      operand->name + "_output", operand_shapes,
3.      output_operand_datas, RuntimeDataType::kTypeFloat32);
```

▶ 完整的实现代码请参考 **course4_buildgraph/source/runtime_op.cpp** 中的 `InitOperatorOutput` 方法。

4.3.3 整体构建流程

至此，我们已经详细介绍了计算节点拓扑执行顺序的确定以及输出空间的初始化的过程。在计算图的构建方法 Build 中，我们会依次执行这些步骤，整体构建流程如下。

(1) 状态检查。首先，我们需要确认计算图的当前状态是否为 NeedBuild。如果是，我们便开始构建流程，包括确定节点间的依赖关系、进行拓扑排序、为每个节点分配输入数据和输出数据的存储空间等步骤。如果计算图的当前状态为 NeedInit，即尚未进行初始化，我们将依据模型的结构定义文件和权重文件对所有计算节点进行实例化。

(2) 构建计算节点之间的前后关系。通过遍历操作，根据每个节点记录的后继节点名称数组查找它的所有后继节点，并将这些后继节点全部添加到当前节点的 output_operators 数组中，以便统一管理和存储。

(3) 拓扑排序。如代码清单 4-10 所示，调用 ReverseTopo 方法对所有计算节点进行拓扑排序，并在排序完成后对得到的序列进行反序处理。在这一步骤中，我们可以选择广度优先或深度优先的搜索方法。在我们的实现中，以模型所有未被访问且没有前驱节点的输入节点作为拓扑排序的起始点。

代码清单 4-10 在 Build 方法中进行拓扑排序

```
1.   void RuntimeGraph::Build(const std::string &input_name,
2.                            const std::string &output_name) {
3.       ...
4.       // 拓扑排序
5.       topo_operators_.clear();
6.       for (const auto &[_, op] : operators_maps_) {
7.           // 基于输入节点进行拓扑排序
8.           if (op->type == "pnnx.Input" && !op->has_forward) {
9.               this->ReverseTopo(op);
10.          }
11.      }
12.      std::reverse(topo_operators_.begin(), topo_operators_.end());
13.      ...
14.  }
```

(4) 为每个计算节点准备输入数据和输出数据的存储空间。准备输出数据的存储空间的方法请参见 4.3.2 节，准备输入数据的存储空间的方法类似，这里不再赘述，大家若感兴趣可以查看本书附带的代码，通过阅读 InitOperatorInput 方法来了解其具体实现方式。代码清单 4-11 展示了在 Build 方法中如何调用相关方法来为输入数据和输出数据准备所需的存储空间。

代码清单 4-11 在 Build 方法中准备输入数据和输出数据的存储空间

```
1.   // 构建节点联系
2.   // 对所有节点进行拓扑排序
3.   ...
4.   RuntimeOperatorUtils::InitOperatorInput(operators_);   // 为每个节点的输入数据准备存储空间
5.   RuntimeOperatorUtils::InitOperatorOutput(graph_->ops, operators_);
```

(5) 计算图构建完成后，需要在 Build 方法中修改计算图的当前状态为 GraphState::Complete，并指定输入节点和输出节点的名称，如代码清单 4-12 所示。

代码清单 4-12 在 `Build` 方法中指定输入节点和输出节点的名称

```
1.  void RuntimeGraph::Build(const std::string &input_name,
2.                           const std::string &output_name) {
3.      ...
4.      graph_state_ = GraphState::Complete;
5.      input_name_ = input_name;
6.      output_name_ = output_name;
7.  }
```

4.4 单元测试

进行单元测试的主要目的是确保编写的代码按预期工作。因此，如果单元测试未通过，通常表明代码中存在错误。为了更有效地定位问题，我们可以将单元测试进行细分，通过查看哪些单元测试未通过来精确地识别可能的错误点，然后逐一排查，最终解决这些问题。

4.4.1 拓扑排序测试

为了深入理解拓扑排序的过程，我们将通过单元测试来进行演示。在本次测试中，我们以 ResNet18 模型的网络结构作为深度学习模型的结构。由于篇幅限制，图 4-4 仅展示了该模型的部分结构。

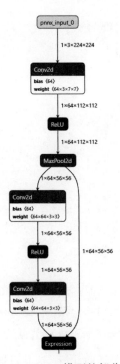

图 4-4　ResNet18 模型的部分结构

ResNet18 模型在每层残差网络的数据前向传递过程中分为两条分支，其中一条分支通过两次卷积运算和 ReLU 激活函数的处理来得出结果，另一条分支则通过一个恒等映射（有时也会通过 1×1 卷积来调整维度）传递给下一层。在 Expression 层，通过加法运算将这两条分支的结果相加，从而得到该层残差网络的最终输出。请大家自行使用 Netron 软件打开 course4_buildgraph/model_file/resnet18_batch1.param 这个模型文件，并结合模型结构图分析第一级残差网络中各个节点的执行顺序。通过分析，我们可以清晰地看到，正确的执行顺序是：

1. pnnx_input_0
2. convbn2d_0
3. relu
4. maxpool
5. convbn2d_1
6. layer1.0.relu
7. convbn2d_2
8. pnnx_expr_14

我们编写了一个单元测试函数 topo_resnet，如代码清单 4-13 所示，用于验证拓扑排序结果是否与上述计算图的执行顺序一致。

代码清单 4-13 对拓扑排序的单元测试

```
1.  TEST(test_ir, topo_resnet) {
2.      using namespace kuiper_infer;
3.      std::string bin_path("course5/model_file/resnet18_batch1.pnnx.bin");
4.      std::string param_path("course5/model_file/resnet18_batch1.param");
5.      RuntimeGraph graph(param_path, bin_path);
6.      const bool init_success = graph.Init();
7.      ASSERT_EQ(init_success, true);
8.      graph.Build("pnnx_input_0", "pnnx_output_0");
9.      const auto &topo_queues = graph.get_topo_queues();
10.
11.     int index = 0;
12.     for (const auto &operator_ : topo_queues) {
13.         LOG(INFO) << "Index: " << index << " Type: " << operator_->type
14.                   << " Name: " << operator_->name;
15.         index += 1;
16.     }
17. }
```

在以上代码中，第 8 行通过调用 Build 方法来构建 ResNet18 模型，包括进行拓扑排序和对计算节点的输入操作数、输出操作数的初始化操作。此方法首先建立模型中所有节点之间的前后依赖关系，然后利用深度优先搜索算法对所有计算节点进行拓扑排序。

输出的结果如下所示，我们主要关注前几行，这几行输出了第一级残差网络中计算节点的执行顺序。通过观察可以发现，这个执行顺序与我们之前的分析结果是一致的。

```
1. Index: 0  Type: pnnx.Input        Name: pnnx_input_0
2. Index: 1  Type: nn.Conv2d         Name: convbn2d_0
3. Index: 2  Type: nn.ReLU           Name: relu
4. Index: 3  Type: nn.MaxPool2d      Name: maxpool
5. Index: 4  Type: nn.Conv2d         Name: convbn2d_1
6. Index: 5  Type: nn.ReLU           Name: layer1.0.relu
7. Index: 6  Type: nn.Conv2d         Name: convbn2d_2
8. Index: 7  Type: pnnx.Expression   Name: pnnx_expr_14
```

▶ 完整的实现代码请参考 course4_buildgraph/test/test_topo.cpp。

我们再来看另一个例子，如图 4-5 所示，结构中的第 2 个 ReLU 节点具有两个输出节点，分别是 Sigmoid 节点和第 3 个 ReLU 节点。

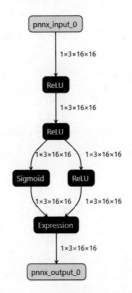

图 4-5　一个更复杂的计算图

具体测试代码请见单元测试 build_output_ops2。以下是该计算图中计算节点构建完成后的打印输出结果，遍历的顺序首先是 pnnx_input_0 这一输入节点，接着是 3 个 ReLU 节点。由于 Expession 节点要求具备两个输入，故而在此之前首先要访问 Sigmoid 节点，直到最后才对 pnnx_output_0 输出节点进行访问。

```
1.  Index: 0  Type: pnnx.Input     Name: pnnx_input_0
2.  output: op1
3.
4.  Index: 1  Type: nn.ReLU        Name: op1
5.  output: op3
6.
```

```
 7. Index: 2  Type: nn.ReLU           Name: op3
 8. output: op4, op5
 9.
10. Index: 3  Type: nn.Sigmoid        Name: op5
11. output: pnnx_expr_0
12.
13. Index: 4  Type: nn.ReLU           Name: op4
14. output: pnnx_expr_0
15.
16. Index: 5  Type: pnnx.Expression Name: pnnx_expr_0
17. output: pnnx_output_0
18.
19. Index: 6  Type: pnnx.Output      Name: pnnx_output_0
20. output: None
```

从输出结果中不难看出，我们对该计算图进行拓扑排序，得到的计算节点序列为 [pnnx_input_0, op1, op3, op5, op4, pnnx_expr_0, pnnx_output_0]，符合计算图中节点的前后依赖关系，并且在第 7~8 行中可以看出，op3 有两个输出节点，也就是后继节点，分别是 op4 和 op5。

4.4.2　计算图状态变化测试

前文提到计算图有 3 种基本状态：最开始的待初始化（NeedInit）状态、初始化后的待构建（NeedBuild）状态，以及最后的构建完成（Complete）状态。对计算图状态变化的单元测试如代码清单 4-14 所示。

代码清单 4-14　对计算图状态变化的单元测试

```
 1. enum class GraphState {
 2.     NeedInit = -2,
 3.     NeedBuild = -1,
 4.     Complete = 0,
 5. };
 6.
 7. TEST(test_ir, build_status) {
 8.     using namespace kuiper_infer;
 9.     std::string bin_path("course4/model_file/simple_ops.pnnx.bin");
10.     std::string param_path("course4/model_file/simple_ops.pnnx.param");
11.     RuntimeGraph graph(param_path, bin_path);
12.     ASSERT_EQ(int(graph.graph_state()), -2);
13.     const bool init_success = graph.Init();
14.     ASSERT_EQ(init_success, true);
15.     ASSERT_EQ(int(graph.graph_state()), -1);
16.     graph.Build("pnnx_input_0", "pnnx_output_0");
17.     ASSERT_EQ(int(graph.graph_state()), 0);
18. }
```

对核心代码实现的描述如下。

第 12 行：检查计算图的初始状态是否为 NeedInit（枚举值为-2）。

第 15 行：在执行初始化（Init）操作之后，检查计算图的状态是否已变为 NeedBuild（枚举值为 -1）。

第 17 行：在执行构建（Build）操作之后，检查计算图的状态是否已更新为 Complete（枚举值为 0）。

这一系列检查的结果反映了计算图状态的变化。

4.4.3 输出空间初始化测试

正如我们在 4.3.2 节所讨论的，在计算图构建阶段，每个计算节点都会根据其输入和输出的维度信息、数据类型等来初始化相应的数据存储空间，以便在后续的计算过程中使用。在输出空间初始化测试（见代码清单 4-15）中，首先初始化了 4 个计算节点并存放在计算节点数组 run_ops 中，每个节点中都有一个输出操作数，其形状为 $8 \times 3 \times 32 \times 32$。这里的 8 表示输出操作数的批次大小。我们会调用 InitOperatorOutput 方法根据输出操作数的维度信息来申请并初始化它们的存储空间。

代码清单 4-15　对输出空间初始化的单元测试

```
1.   TEST(test_runtime, runtime_graph_output_init1) {
2.       using namespace kuiper_infer;
3.       // 构造 4 个计算节点的计算图
4.       ...
5.       RuntimeOperatorUtils::InitOperatorOutput(pnnx_operators, run_ops);
6.       for (const auto& run_op : run_ops) {
7.           const auto& output_datas = run_op->output_operands;
8.           ASSERT_EQ(output_datas->shapes.size(), 4); // 检查维度是否为 4
9.           ASSERT_EQ(output_datas->datas.size(), 8); // 检查批次大小是否为 8
10.          for (const auto& output_data : output_datas->datas) {
11.              const auto& raw_shapes = output_data->raw_shapes();
12.              ASSERT_EQ(raw_shapes.size(), 3); // 检查张量维度是否为 3
13.              ASSERT_EQ(raw_shapes.at(0), 3);  // 检查张量的通道数是否为 3
14.              ASSERT_EQ(raw_shapes.at(1), 32); // 检查张量的行数是否为 32
15.              ASSERT_EQ(raw_shapes.at(2), 32); // 检查张量的列数是否为 32
16.
17.              ASSERT_EQ(output_data->rows(), 32); // 检查输出的行数是否为 32
18.              ASSERT_EQ(output_data->cols(), 32); // 检查输出的列数是否为 32
19.              ASSERT_EQ(output_data->channels(), 3); // 检查输出的通道数是否为 3
20.          }
21.      }
22.  }
```

对核心代码实现的描述如下。

第 5 行：调用 InitOperatorOutput 方法初始化计算节点的输出数据空间。

第 7 行：获取每个计算节点的输出操作数 output_datas。

第 8 行：检查 output_datas 的维度是否为 4。

第 9 行：检查 output_datas 的批次大小是否为 8。

第 10~15 行：遍历每个张量数据，检查 InitOperatorOutput 方法对输出空间进行初始化之后，每个输出张量的形状是否为 $3 \times 32 \times 32$，操作数中是否有 8 个输出张量（批次大小等于 8）。

第 17~19 行：检查每个张量的行数、列数和通道数是否分别为 32、32 和 3。

如果检查都通过，表明我们已经完成对计算节点输出空间的初始化。

4.5　小结

在本章中，我们首先详细介绍了计算节点的执行顺序以及节点间依赖关系的概念，并解释了在模型执行过程中为什么需要对计算节点进行排序，以确定它们的执行顺序。我们还介绍了拓扑排序的定义，并探讨了如何利用深度优先搜索算法来获取满足拓扑排序要求的计算节点执行序列。同时，我们讲解了如何构建节点之间的依赖关系，并提供了拓扑排序的编程实现思路和具体的代码示例。此外，我们还提出了基于广度优先的拓扑排序方法的实现思路，供大家深入思考并尝试自行实现。

接下来，我们详细阐述计算图构建方法的具体流程，包括对计算图状态的检查和转换，以及为每个计算节点分配输入张量和输出张量的存储空间等。

最后，我们对前面讲述的各个过程进行了验证性的分析和详细的单元测试。这些测试验证了我们在计算图构建过程中各个步骤的正确性，包括获得的拓扑序列和计算图状态的变化情况。通过这些测试，我们确定计算图构建过程中的每个步骤都与预期相符。

下一章，我们将学习算子和算子注册器的设计与实现。

4.6　练习

(1) 调试本章中的所有单元测试，仔细观察计算图的详细构建过程，确保每个步骤都符合预期，并能够正确地执行。

(2) 尝试使用另一种思路或方法实现拓扑排序，并编写相应的代码。你可以选择本章中提及的基于广度优先的拓扑排序方法，也可以根据实际需要自行增加结构体中的字段。只要最终的排序结果与基于深度优先的拓扑排序方法的结果相同，即可认为实现是正确的。

第 5 章

算子和算子注册器的设计与实现

本章将深入探讨算子和算子注册器的设计与实现。算子注册器在框架中扮演关键角色，承担着管理以及实例化各类算子的重要职责。在本章中，我们将首先实现 ReLU 算子，并将该算子的实例化方法注册到算子注册器中。然后，编写并运行单元测试，以验证能否成功地从算子注册器中获取 ReLU 算子的实例化方法，并使用该方法实例化一个 ReLU 算子。随后，我们让该 ReLU 算子计算一组随机输入的张量，并对其结果进行详细的测试和验证，确保算子的功能符合预期。

5.1 什么是算子

在第 4 章中，我们学习了如何对计算图中的所有计算节点进行拓扑排序，从而确定合理的执行顺序，并满足计算节点之间的前后依赖关系。在拓扑序列中，每个计算节点都会利用其内部关联的算子变量（通常是一个继承自 Layer 类的子类实例）来完成具体的计算工作。我们首先来探讨一下算子的定义和实现过程。

在每个算子中都封装了一个自定义的计算过程，这些计算过程有一个相同点，即它们都从关联计算节点的输入操作数中读取数据，然后根据具体算子自定义的计算过程对数据进行处理，最后将计算结果写回计算节点的输出操作数中。例如，对于一个卷积算子，其内部计算过程是通过多个卷积核来对输入张量进行卷积运算，并将结果写回对应的输出空间中；如果是一个 ReLU 算子，那么其内部计算过程就是保留输入张量中所有大于 0 的值，并将结果写回对应的输出空间中。

代码清单 5-1 展示了计算节点类 RuntimeOperator 的定义，其中包含一个指向算子实例的成员变量 layer。在算子类中，同样有一个指向其所属计算节点的指针变量，所以计算节点类和算子类紧密关联，这样的设计使得在运算过程中，算子可以便捷地访问和操作相关联的计算节点中的输入和输出张量空间、参数以及权重等关键信息，以供内部计算过程使用。同时，计算节点可以轻松地调用算子的计算过程。在模型中，如果某个计算节点中的算子成员变量代表一个卷积操作，那么该计算节点中的 layer 变量就会指向一个卷积算子类的实例[1]，这是因为在模型构建阶段，我们会实例化一个特定类型的算子并绑定到对应的计算节点中。

---

[1] 算子类的实例在下文中可能被称作算子实例。

代码清单 5-1 计算节点类 `RuntimeOperator` 的定义

```
1.  struct RuntimeOperator {
2.      bool has_forward = false;
3.      std::string name;                  // 计算节点的名称
4.      std::string type;                  // 计算节点的类型
5.      std::shared_ptr<Layer> layer;  // 计算节点对应的算子实例
6.  };
```

算子基类 `Layer` 有多个派生类，每个派生类都会重写 `Forward` 方法，并在其中定义各自算子的计算逻辑。`Forward` 计算过程需要遵循以下步骤：首先，从与之关联的计算节点（`RuntimeOperator`）中提取输入操作数（`input_operands`）；然后，算子根据其定义的特定逻辑对这些输入操作数进行计算；最后，当计算过程结束之后，算子将计算结果保存在输出操作数（`output_operands`）中，同时，计算结果会被传递至当前节点的后继节点，作为后继节点的输入。

在如图 5-1 所示的计算图中，我们设定 Node1 为 ReLU 节点，Node2 和 Node3 为 Sigmoid 节点。ReLU 节点和 Sigmoid 节点的主要区别在于它们的算子成员变量 `layer` 不同。具体来说，Node1 的 `layer` 变量指向算子类 `ReLULayer` 的一个具体实例；而 Node2 和 Node3 的 `layer` 变量则都指向另一个算子类 `SigmoidLayer` 的实例。计算节点中的算子实例是在构建模型的过程中，根据计算节点内记录的类型信息查询算子注册器，找到相应的实例化方法来创建的。

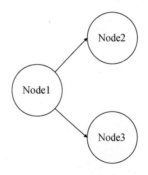

图 5-1　一个简单的计算图

在确定了计算图中所有计算节点之间的前后依赖关系之后，我们需要采用第 4 章介绍的拓扑排序算法来确定一个恰当的执行顺序。经过拓扑排序之后，我们得到的执行顺序是 Node1、Node2 和 Node3。之后我们会依照这个顺序逐个执行序列中的计算节点。

当执行到 Node1 时，它的 `layer` 指针指向的是 `ReLULayer` 的一个实例，所以 Node1 的计算将调用 `ReLULayer` 子类中实现的 `Forward` 方法。在执行 `Forward` 方法之前，需要将 Node1 中的输入操作数复制一份，并将副本作为输入参数传递给相关联算子的 `Forward` 方法进行计算。同时，我们需要获取 Node1 中的输出操作数，同样以参数的形式传递给子类的 `Forward` 方法。

这样做是为了在 Forward 方法的执行过程中将算子对输入操作数的计算结果保存到输出操作数中。Node1 节点执行完毕后，其输出结果将被传递给其后继节点 Node2 和 Node3，随后执行流程继续进行。

当到达 Node2 时，该节点将调用其成员变量 layer 指向的 SigmoidLayer 实例中重写的 Forward 方法进行计算，其处理方式与 Node1 计算节点的相同。同理，当执行到 Node3 时，也会按照这一逻辑，通过调用其类内变量 layer 指向的 SigmoidLayer 实例中的方法完成相应的计算任务。这些计算节点将依照预设的拓扑顺序逐个执行，从而确保整个计算图的逻辑正确。在进一步了解相关内容之前，我们先来查看一下代码清单 5-2 中算子基类 Layer 的定义。

代码清单 5-2　算子基类 Layer 的定义

```
1.  class Layer {
2.    public:
3.        Layer(std::string layer_name) :
4.            layer_name_(std::move(layer_name)) {}
5.        virtual ~Layer() = default;
6.        virtual InferStatus Forward(
7.            const std::vector<std::shared_ptr<Tensor<float>>>& inputs,
8.            std::vector<std::shared_ptr<Tensor<float>>>& outputs) = 0;
9.
10.       virtual void set_weights(const std::vector<float>& weights);
11.
12.   protected:
13.       std::weak_ptr<RuntimeOperator> runtime_operator_;
14.       std::string layer_name_;
15. };
```

在以上代码中，类内变量 runtime_operator_ 存储了与该算子实例相关联的计算节点的弱引用，而算子类中的 Forward 方法是所有算子派生类必须实现的方法。Forward 方法有两个输入参数，分别是 input_operands 和 output_operands，均来自相关联的计算节点，分别表示该算子的输入操作数和输出操作数。在执行计算图的计算过程中，首先会对该计算节点中的 input_operands 和 output_operands 进行简单处理，然后将其作为 Forward 方法的参数进行传递并作为计算过程的输入操作数和输出操作数，我们将在下文中详细讲解这一流程的实现。

▶ 完整的实现代码请参考 course5_layerfac/include/layer/abstract/layer.hpp。

5.2　算子类及其实现

5.2.1　算子类中的成员变量

算子类中主要包括两个成员变量：layer_name_ 和 runtime_operator_，layer_name_ 代表算子的名称，如 Convolution、MaxPooling 等，runtime_operator_ 是该算子指向的计算节

点的弱引用，算子在后续执行过程中需要从相关联的计算节点中取出输入操作数、输出操作数以及计算需要的权重数据等。

5.2.2 算子类中的成员方法

在算子类中，`Forward` 方法无疑是最为关键的一个成员方法，每个算子派生类都需要重写 `Forward` 方法。该方法接收两个参数：`inputs` 和 `outputs`，这两个参数都来自相关联计算节点的张量数组，都是 `std::vector<std::shared_ptr<Tensor<float>>>` 类型。如果某个计算节点的输入是批次大小为 4 的张量数组，每个张量的尺寸为 $8 \times 32 \times 32$，其中 8 表示张量的通道数，32×32 是张量的空间尺寸，那么我们就说这个张量的形状是 $4 \times 8 \times 32 \times 32$。

另外，在实例化一些具有权重的算子（如卷积算子、全连接算子等）时，还需要通过 `set_weights` 方法向算子实例传入权重信息，而这些权重信息源自与算子相关联的计算节点。在代码清单 5-3 中，我们展示了一个对新实例化算子调用 `set_weights` 方法的示例，该示例说明了如何为一个新实例化的全连接层分配权重，具体操作如下：首先创建一个大小为 `in_features * out_features` 的权重数组，然后填充该权重数组中的数据，再调用全连接层的 `set_weights` 方法将这个权重数组传递给该算子。

代码清单 5-3　全连接算子的实例化

```
1.  LinearLayer linear_layer(in_features, out_features, false);
2.  // 实例化权重数组中的数据
3.  std::vector<float> weights(in_features * out_features, 1.f);
4.  ...  // 省略了权重随机实例化的过程
5.  linear_layer.set_weights(weights);
```

当 `in_features` 为 2，`out_features` 为 3 时，全连接层共需要 6 个权重数据，这个全连接层的作用是将一个维度为 2 的输入映射到一个维度为 3 的输出。假设 `weights` 权重数组中的数据如下。

　2.1　　3.4　　5.5　　5.1　　5.8　　8.2

我们将通过调用 `set_weights` 方法设置全连接层的权重。权重设置完成后，全连接层内的权重分布将呈现出以下的结构：权重的行数等于 `out_features`，权重的列数等于 `in_features`。

`set_weights` 的大致实现思路是，在实例化 `LinearLayer` 算子时（在代码清单 5-3 中，第 1 行传入了输入特征维度 `in_features` 和输出特征维度 `out_features`），线性算子将在内部准备一个用于存放权重数据的权重张量，该权重张量的维度为 `input_features * output_features`。

在使用 `set_weights` 传入权重数据数组时，该数组会被放入预先准备好的权重张量中，并且在全连接算子中依据相应的行数和列数进行数据重排。重排后，全连接算子的权重数据如下所示。

2.1   3.4   5.5

5.1   5.8   8.2

▶ 完整的代码实现请参考 course5_layerfac/include/layer/abstract/layer.hpp。

5.2.3 算子类与计算节点

我们来看一下算子类与计算节点之间的联系。从图 5-2 可以看出，ReLU 算子类与 ReLU 计算节点相互关联。正如之前提到的，一方面，ReLU 算子中含有一个弱指针（std::weak_ptr）指向对应的计算节点，这样做的好处是在算子进行计算之前，可以轻松地获取保存在计算节点中的输入操作数和输出操作数等数据空间；另一方面，计算节点内有一个成员变量指针，它指向与计算节点关联的具体的算子实例。计算节点在执行时需要调用与其关联的算子中的计算方法，也就是每个派生类算子都需要重写的 Forward 方法。

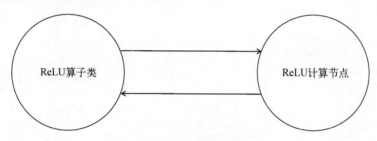

图 5-2   算子类与计算节点相互关联

代码清单 5-4 是在算子类中将计算节点的指针赋值给其成员变量 runtime_operator_ 的实现过程。

代码清单 5-4   将计算节点的指针赋值给成员变量

```
1.  void Layer::set_runtime_operator(
2.      const std::shared_ptr<RuntimeOperator>& runtime_operator) {
3.      CHECK(runtime_operator != nullptr);
4.      this->runtime_operator_ = runtime_operator;
5.  }
```

那么，我们何时创建与计算节点相关的算子实例，并将实例化后的算子绑定到计算节点呢？这发生在计算图的构建过程中，也就是在 Build 方法中会依次遍历每一个计算节点 Runtime-Operator，根据 RuntimeOperator 中存储的算子的类型，从全局注册器中找到对应的实例化方法，并将相关参数传递给该实例化方法。随后，在实例化方法中，先取出参数包中该类算子所需要用到的参数进行校验，再将参数传递到具体算子的实例化方法中，完成算子类的实例化。第 3 行的 CHECK 用来检查传入的计算节点指针是否为空，如果为空，则程序退出。

在代码清单 5-5 中，我们通过调用 RuntimeGraph::CreateLayer 方法创建了与计算节点 kOperator 相关联的算子。

代码清单 5-5　创建与计算节点相关联的算子

```
1.   void RuntimeGraph::Build(const std::string &input_name,
2.                            const std::string &output_name) {
3.     for (const auto &kOperator : this->operators_) {
4.       // 除了输入节点和输出节点，其他节点都创建相关联的算子实例
5.       if (kOperator->type != "pnnx.Input" && kOperator->type != "pnnx.Output") {
6.         std::shared_ptr<Layer> layer = RuntimeGraph::CreateLayer(kOperator);
7.         // 算子实例和计算节点相互绑定
8.         if (layer) {
9.           kOperator->layer = layer;
10.          layer->set_runtime_operator(kOperator);
11.        }
12.      }
13.    }
14.  }
15.
16.  std::shared_ptr<Layer> RuntimeGraph::CreateLayer(
17.      const std::shared_ptr<RuntimeOperator>& op) {
18.    LOG_IF(FATAL, !op) << "Operator is empty!";
19.    //通过 LayerRegisterer 创建算子实例
20.    auto layer = LayerRegisterer::CreateLayer(op);
21.    LOG_IF(FATAL, !layer) << "Layer init failed:" << op->type;
22.    return layer;
23.  }
```

对核心代码实现的描述如下。

第 6 行：调用 CreateLayer 方法，传递计算节点 kOperator。CreateLayer 从算子注册器中实例化相应的算子实例，并返回该实例。

第 8~11 行：将实例化后的算子实例赋值给计算节点 kOperator 的 layer 成员，同时将算子中的计算节点变量赋值为 kOperator，从而完成算子实例和计算节点的绑定。

第 18~22 行：检查 op 是否为空。通过 LayerRegisterer::CreateLayer 方法创建对应的算子实例，该方法从算子的全局注册器中找到实例化方法，并返回一个算子实例。

在实例化过程中，如果算子带有参数或权重，LayerRegisterer::CreateLayer 还需要将计算节点中包含的参数和权重信息复制到算子实例中，我们将在下文中详细介绍算子的全局注册器和实例化方法的实现。

5.3 算子的全局注册器

在深度学习领域，我们会频繁地使用各种类型的算子。在我们的推理框架中，这些算子都派生自一个共同的基类——Layer，并且我们会根据具体的计算需求，对各个算子类的 Forward 方法进行定制化的重写。为了高效地管理这些算子，我们精心设计了一个全局注册器（有时简称其为"注册器"），它负责统一管理各类算子的实例化过程。全局注册器的键是算子的类型，值是该算子对应的实例化方法，在使用的过程中，先根据算子类型找到它对应的实例化方法，再将参数包传递到实例化方法中，完成参数的校验和对应算子类的实例化。

在构建计算图的过程中，我们可以通过全局注册器迅速地根据算子的名称定位到其实例化方法，并将计算图中的权重和参数信息传递给该方法，以确保每个计算节点中的算子都能正确地实例化。全局注册器的结构设计得非常巧妙，它是多个键–值对的映射，其中键代表算子的类型，而值则是算子对应的实例化方法，这些方法都有相同的函数签名，也就是有相同类型和个数的参数以及返回值。如表 5-1 所示，当我们需要创建一个卷积算子的实例时，可以通过类型 Conv 在注册器中找到对应的 ConvLayer::GetInstance 实例化方法，然后将计算节点的相关参数信息传递给这个方法，从而得到卷积算子的新实例并返回。创建 ReLU 算子时也是如此。这样的设计使得算子的实例化过程既高效又统一。

表 5-1　算子的全局注册器中的算子类型及其对应的实例化方法

算子的类型	对应的实例化方法
Conv	ConvLayer::GetInstance
ReLU	ReLULayer::GetInstance

在实现全局注册器的过程中，我们采用了单例模式，以确保全局注册器实例的唯一性。这意味着在整个程序中，无论在何处访问该注册器，都能得到同一个实例。开发者完成算子类的编写后，只需通过特定的注册机制，就能将该算子类添加到全局注册器中。这样，当深度学习推理框架需要使用某个算子时，便可以轻松地从注册器中找到对应的实例化方法。

5.3.1 全局注册器的设计方法与实现

全局注册器的定义如代码清单 5-6 所示。可以看到，全局注册器的结构与 map 非常相似，均由多个键–值对组成，用户可以通过键来查找对应的值。因此，我们使用 map 作为基础数据结构来完成全局注册器的设计。换句话说，在我们的推理框架中，算子的全局注册器的结构以算子的类型作为键，以算子对应的实例化方法作为值，当我们找到该算子的实例化方法时就用它完成对算子的实例化。

代码清单 5-6   全局注册器的定义

```
1.  std::map<std::string, Creator> CreateRegistry;
2.
3.  typedef ParseParameterAttrStatus (*Creator)(
4.      const std::shared_ptr<RuntimeOperator> &op, std::shared_ptr<Layer> &layer);
```

从代码清单 5-6 可以看出，全局注册器 CreateRegistry 的键为字符串，每个键对应一个算子的类型。Creator 表示指向算子的实例化方法的函数指针类型，从方法的签名可以看出，算子的实例化方法需要接收两个参数：传递计算节点 RuntimeOperator 的共享指针 op 和待实例化的算子层 Layer 的共享指针 layer。ParseParameterAttrStatus 表示创建参数时返回的状态码，如果参数不符合算子类实例化时的要求，返回的状态码就会指示相应的错误。

▶ 完整的代码实现请参考 course5_layerfac/include/layer/abstract/layer_factory.hpp。

如果是带权重和偏置的算子，还需要额外利用计算节点参数 op 中的权重，也就是在实例化阶段需要将 op 中的权重数据赋值给该算子。我们先来看一下 Sigmoid 算子的注册方法，如代码清单 5-7 所示。

代码清单 5-7   Sigmoid 算子的注册方法

```
1.  StatusCode SigmoidLayer::GetInstance(
2.      const std::shared_ptr<RuntimeOperator>& op,
3.      std::shared_ptr<Layer<float>>& sigmoid_layer) {
4.      if (!op) {
5.          LOG(ERROR)
6.              << "The sigmoid operator parameter in the layer is null pointer.";
7.          return StatusCode::kParseOperatorNullParam;
8.      }
9.      sigmoid_layer = std::make_shared<SigmoidLayer>();
10.     return StatusCode::kSuccess;
11. }
```

可以看到，Sigmoid 算子的注册方法 SigmoidLayer::GetInstance 的参数需要符合 Creator 函数指针的签名，即包含两个参数：一个计算节点 op 和一个待实例化的算子 sigmoid_layer。由于 Sigmoid 算子没有权重和偏置，因此直接对其进行实例化并返回即可。

5.3.2   向注册器中注册算子的实例化方法

我们可以将算子注册的过程理解为向一个全局唯一的注册器中添加算子类及其对应的实例化方法。正如前文提到的，全局注册器的结构与 map 类似。接下来，我们将探讨在完成每个实例化方法的编写后，如何将其有效地加入这个 map 结构中。

首先，我们需要获取全局唯一的注册器对象 kRegistry。获取该对象的方法是调用 Registry() 方法，如代码清单 5-8 所示。由于 kRegistry 是一个静态对象，无论 Registry()

方法被调用多少次，返回的始终是同一个 kRegistry 注册器对象。换句话说，这里采用的是一种单例模式的实现，利用了 C++ 中的局部静态变量特性，确保每次通过 Registry() 获取的注册器对象都是唯一的。

代码清单 5-8　获取全局注册器对象

```
1.  LayerRegisterer::CreateRegistry& LayerRegisterer::Registry() {
2.      static CreateRegistry* kRegistry = new CreateRegistry();
3.      CHECK(kRegistry != nullptr) << "Global layer register init failed!";
4.      return *kRegistry;
5.  }
```

完成某个算子及其实例化方法的实现后，我们还需要将它注册到算子的全局注册器中。比如 Sigmoid 算子，它的实例化方法是上文中所述的 SigmoidLayer::GetInstance，我们需要将它注册到全局注册器中。在代码清单 5-9 所示的 RegisterCreator 方法中，我们可以传递两个参数，分别是算子的类型及算子对应的实例化方法。

代码清单 5-9　将算子类及其实例化方法注册到全局注册器中

```
1.  void LayerRegisterer::RegisterCreator(const std::string &layer_type,
2.                                          const Creator &creator) {
3.      CHECK(creator != nullptr);
4.      CreateRegistry &registry = Registry();
5.      CHECK_EQ(registry.count(layer_type), 0)
6.          << "Layer type: " << layer_type << " has already registered!";
7.      registry.insert({layer_type, creator});
8.  }
```

将 Sigmoid 算子的实例化方法插入算子注册器后，会在注册器中新增一条映射记录，如表 5-2 中的第一行所示。

表 5-2　算子注册器中的算子类型及其对应的实例化方法

算子的类型	算子的实例化方法
Sigmoid	SigmoidLayer::GetInstance
ReLU	ReLULayer::GetInstance

表 5-2 展示了算子的类型及算子对应的实例化方法在全局注册器中的映射关系，每当调用 RegisterCreator 方法时，就会在该算子注册器中添加一条新的映射记录，以供在后面的流程中通过算子的类型找到算子对应的实例化方法。在我们将 ReLU 类型的算子的实例化方法插入全局注册器后，注册器中又会新增一条记录。

5.3.3　从注册器中获取算子类的实例化方法

在本节中，我们将探讨如何根据算子类型获取其实例化方法。这些实例化方法具有固定的参数格式，包括一个用于存储输入操作数、输出操作数以及权重信息的计算节点，以及一个待实例化的算子指针。以下是获取对应类的实例化方法并创建算子的具体步骤。

(1) 通过调用 `Registry()` 方法获取全局注册器。

(2) 在全局注册器中查找特定算子类的实例化方法 `creator`。

(3) 准备一个待实例化的算子指针 `layer` 和一个包含必要信息的计算节点，并将它们传递给相应的 `creator`。

在 `creator` 这个实例化方法中，算子的实例 `layer` 将根据用户定义的参数进行实例化。如果算子包含权重，则计算节点中的权重信息将被赋值给实例化后的算子。

▶ 完整的实现代码请参考 course5_layerfac/include/layer/abstract/layer_factory.hpp。

5.3.4　注册算子的工具类

为了在后续的流程中更方便地向注册器中注册算子，我们编写了一个工具类 `LayerRegisterer-Wrapper`，如代码清单 5-10 所示。该工具类仅有一个构造函数，在该构造函数中接收算子的类型及其对应的实例化方法，并完成自动化注册。

代码清单 5-10　注册算子的工具类的实现

```
1.   class LayerRegistererWrapper {
2.     public:
3.         LayerRegistererWrapper(const std::string &layer_type,
4.                                const LayerRegisterer::Creator &creator) {
5.             LayerRegisterer::RegisterCreator(layer_type, creator);
6.         }
7.   };
```

我们只要实例化一个 `LayerRegistererWrapper`，并将对应的类型和实例化方法传递给构造函数，就可以向全局注册器中插入一项，如代码清单 5-11 所示。调用结束后，全局注册器中就会多出一个名为 `test_type_2` 的算子类型及其对应的实例化方法，详细的代码请参见单元测试 `create_layer_util`。

代码清单 5-11　使用工具类插入算子

```
LayerRegistererWrapper kDemoInstance("test_type_2", MyTestCreator);
```

5.4　算子的实例化方法

5.4.1　算子实例化的时机

在第 4 章中，我们学习了如何对计算图 `RuntimeGraph` 调用构建方法 `Build`，主要包括以下几个关键步骤。

(1) 检查当前计算图的状态，只有当计算图处于待构建状态时，才会继续执行构建过程。

(2) 构建图关系，也就是将每个计算节点的所有后继节点添加到该计算节点的 output_operators 结构中，以便后续进行拓扑排序。

(3) 对所有的计算节点进行拓扑排序，以获得正确的计算节点执行顺序，确保满足节点之间的依赖关系。在此之前还需要根据计算节点的类型完成其关联算子类的实例化。

(4) 为所有计算节点准备输入数据空间和输出数据空间，在后续的计算过程中将使用这些数据空间。

(5) 指定整个计算图的输入节点和输出节点。

在构建过程中，每个计算节点都关联一个算子 layer。那么这个算子是在哪一步完成创建的呢？答案是在第(3)步。在构建图关系的时候，Build 方法会对计算图中的每个计算节点进行遍历，在遍历的过程中获取计算节点的类型，从全局注册器中查找并获取对应类型的算子的实例化方法，再使用这个实例化方法完成算子的实例化并绑定到其对应的计算节点上。参考代码如代码清单 5-12 所示。

代码清单 5-12　在计算图的构建过程中为每个计算节点实例化算子

```
1.  for (const auto &kOperator : this->operators_) {
2.      // 为非输入和非输出类型的计算节点创建相关的 layer
3.      if (kOperator->type != "pnnx.Input" && kOperator->type != "pnnx.Output") {
4.          std::shared_ptr<Layer> layer = RuntimeGraph::CreateLayer(kOperator);
5.          CHECK(layer != nullptr) << "Layer " << kOperator->name << " create failed!";
6.          if (layer) {
7.              kOperator->layer = layer;
8.              layer->set_runtime_operator(kOperator);
9.          }
10.     }
11. }
```

可以观察到，代码为每个非输入和非输出类型的计算节点创建了相应的算子。创建算子的方法是 CreateLayer，其大致实现流程如下。

(1) 获取计算节点 op 中附带的相关类型信息，如 ReLU。

(2) 从全局注册器中查找与 ReLU 类型对应的算子的实例化方法。

(3) 通过找到全局注册器中保存的实例化方法来完成算子实例 layer 的创建，并将创建好的算子返回给 CreateLayer 方法的调用者。

在完成算子实例 layer 的创建之后，还要完成计算节点和算子的相互绑定（见代码清单 5-12 的第 7~8 行）。这一步骤确保了计算节点与其对应的算子实例之间的关联，以便在计算图执行时，每个节点都能够调用其绑定的算子进行计算。

▶ 完整的实现代码请参考 course5_layerfac/source/runtime_ir.cpp。

5.4.2 编写第一个算子 ReLU

在编写第一个算子之前，我们先来看看算子基类 Layer 中 Forward 方法（不含参数）的实现流程。

(1) 获取相关联的计算节点 runtime_operator，如代码清单 5-13 所示。

代码清单 5-13 获取相关联的计算节点

```
const auto& runtime_operator = this->runtime_operator_.lock();
```

(2) 准备算子的 Forward 方法的输入张量，其中 input_operand_datas 是该计算节点的所有输入操作数，我们将它复制到一个张量数组 layer_input_datas 中以供算子计算过程中读取，如代码清单 5-14 所示。

代码清单 5-14 获取输入张量数组

```
1.  const std::vector<std::shared_ptr<RuntimeOperand>>&
2.     input_operand_datas = runtime_operator->input_operands_seq;
3.  std::vector<std::shared_ptr<Tensor<float>>> layer_input_datas;
4.  for (const auto& input_operand_data : input_operand_datas) {
5.     for (const auto& input_data : input_operand_data->datas) {
6.        layer_input_datas.push_back(input_data);
7.     }
8.  }
```

(3) 在算子的 Forward 方法中准备相关联计算节点的输出张量数组，如代码清单 5-15 所示。输出张量数组用于存放算子对输入数据进行计算后得到的结果，这些输出张量同样来源于与该算子相关联的计算节点。

代码清单 5-15 获取输出张量数组

```
1.  const std::shared_ptr<RuntimeOperand>& output_operand_datas =
2.     runtime_operator->output_operands;
```

(4) 调用每个算子类重写后的 Forward 方法，如代码清单 5-16 所示。在调用时，将以上步骤中获取的输入张量数组和输出张量数组以参数的形式进行传递。

代码清单 5-16 调用算子的含参数的 Forward 方法

```
1.  StatusCode status =
2.     runtime_operator->layer->Forward(layer_input_datas,
3.                                      output_operand_datas->datas);
```

本书中介绍的每一个算子都是由算子基类 Layer 派生出来的，ReLU 算子也不例外。在实现 ReLU 算子时，我们需要重写基类 Layer 中含参数的 Forward 方法。根据 ReLU 算子的定义，它会将所有小于 0 的输入值置为 0。因此，我们需要在 ReLU 算子类重写的 Forward 方法中完成这个处理过程。具体来说，该过程就是从输入张量中取出数据，遍历每一个元素，将小于 0 的输入值置为 0，然后将处理后的数据写回输出张量中。接下来，我们结合参考代码，逐步介绍 ReLU 算子重写 Forward 方法的实现流程。

(1) 遍历输入张量数组 inputs，得到其中的第 i 个张量 input，如代码清单 5-17 所示。这个张量数组是通过基类 Layer 的 Forward 方法传递到子类含参数的 Forward 方法中的。

代码清单 5-17 ReLU::Forward 方法的实现——获取输入张量

```
1.  for (uint32_t i = 0; i < batch_size; ++i) {
2.      const std::shared_ptr<Tensor<float>> &input = inputs.at(i);
3.  }
```

(2) 获取第 i 个输出张量，同时判断输入张量和输出张量的大小是否一致，如代码清单 5-18 所示。

代码清单 5-18 ReLU::Forward 方法的实现——获取输出张量

```
std::shared_ptr<Tensor<float>> output = outputs.at(i);
```

(3) 顺序遍历输入张量中的每一个元素，将其中小于 0 的元素置为 0，如代码清单 5-19 所示。

代码清单 5-19 ReLU::Forward 方法的实现——过滤小于 0 的元素

```
1.  for (uint32_t j = 0; j < input->size(); ++j) {
2.      float value = input->index(j);
3.      output->index(j) = value > 0.f ? value : 0.f;
4.  }
```

至此，我们完成了 ReLU::Forward 方法的编写。当 ReLU 算子被对应的计算节点调用后，就会对输入张量数组中的数据进行相应的计算并将结果写回输出张量中。回顾以上内容，我们来总结一下关于算子的几个重要知识点。

❑ 算子都是 Layer 的子类。
❑ 每个计算节点都和其对应的一个算子实例相互绑定。
❑ 在 Layer 基类的 Forward 方法中，先从绑定的计算节点中获取输入操作数和输出操作数，随后调用相应派生类中的 Forward 方法完成对输入数据的运算。
❑ 每个算子都需要在全局注册器中进行注册，注册的键是算子的类型，注册的值是算子的实例化方法。

5.4.3 注册 ReLU 算子

ReLU 算子的实例化方法如代码清单 5-20 所示，该方法完全符合之前定义的 creator 函数指针的签名要求。具体来说，它的参数类型、参数数量以及返回值类型均与要求保持一致。

代码清单 5-20　ReLU 算子的实例化方法

```
1.  ParseParameterAttrStatus ReluLayer::GetInstance(
2.      const std::shared_ptr<RuntimeOperator> &op,
3.      std::shared_ptr<Layer> &relu_layer) {
4.      CHECK(op != nullptr) << "Relu operator is nullptr";
5.      // 在实例化方法中创建某类型的算子
6.      relu_layer = std::make_shared<ReluLayer>();
7.      return ParseParameterAttrStatus::kParameterAttrParseSuccess;
8.  }
```

随后，我们利用算子注册工具类 LayerRegistererWrapper 将 ReLU 算子的类型及实例化方法注册到全局注册器中。

▶ 完整的实现代码请参考 course5_layerfac/test/test_relu.cpp。

5.5　单元测试

5.5.1　验证全局注册器的唯一性

前文提到，系统中存在唯一的全局注册器，无论调用多少次 Registry() 方法，返回的都将是对同一个实例的引用。这种机制为我们在推理框架的各个部分插入或获取特定类型的算子的实例化方法提供了便利。本单元测试的目的是验证这一说法的正确性，如代码清单 5-21 所示。

代码清单 5-21　验证全局注册器的唯一性

```
1.  static LayerRegisterer::CreateRegistry *RegistryGlobal() {
2.      static LayerRegisterer::CreateRegistry *kRegistry =
3.          new LayerRegisterer::CreateRegistry();
4.      CHECK(kRegistry != nullptr) << "Global layer register init failed!";
5.      return kRegistry;
6.  }
7.
8.  TEST(test_registry, registry1) {
9.      using namespace kuiper_infer;
10.     LayerRegisterer::CreateRegistry *registry1 = RegistryGlobal();
11.     LayerRegisterer::CreateRegistry *registry2 = RegistryGlobal();
12.
13.     ASSERT_EQ(registry1, registry2);
14. }
```

在代码的第 10~11 行，我们两次调用 RegistryGlobal() 方法来访问全局注册器，并分别获取了全局注册器的指针 registry1 和 registry2。如果全局注册器是唯一的，那么 registry1 和 registry2 指针应该指向相同的内存地址，即它们应该指向同一个全局注册实例。

▶ 完整的实现代码请参考 course5_layerfac/test/test_relu.cpp。

5.5.2 将实例化方法插入全局注册器

我们之前提到，要将算子的实例化方法插入全局注册器，需要实现一个符合 creator 函数指针的签名要求的算子的实例化方法。在下面的单元测试中，MyTestCreator 方法的参数个数和类型满足 creator 函数指针的签名要求，因此它是一个用于测试的算子的实例化方法。我们尝试向系统中注册一个类型为 test_type 且对应的实例化方法为 MyTestCreator 的算子，如代码清单 5-22 所示。

代码清单 5-22 验证算子的实例化方法 MyTestCreator 的插入

```
1.  ParseParameterAttrStatus
2.  MyTestCreator(const std::shared_ptr<RuntimeOperator> &op,
3.              std::shared_ptr<Layer> &layer) {
4.      layer = std::make_shared<Layer>("test_layer");
5.      return ParseParameterAttrStatus::kParameterAttrParseSuccess;
6.  }
7.  TEST(test_registry, registry2) {
8.      using namespace kuiper_infer;
9.      LayerRegisterer::CreateRegistry registry1 = LayerRegisterer::Registry();
10.     LayerRegisterer::CreateRegistry registry2 = LayerRegisterer::Registry();
11.     ASSERT_EQ(registry1, registry2);
12.     // 插入 test_type 类型的算子的实例化方法 MyTestCreator
13.     LayerRegisterer::RegisterCreator("test_type", MyTestCreator);
14.     LayerRegisterer::CreateRegistry registry3 = LayerRegisterer::Registry();
15.     ASSERT_EQ(registry3.size(), 2);
16.     ASSERT_NE(registry3.find("test_type"), registry3.end());
17. }
```

可以看到，MyTestCreator 实例化方法的第一个参数为 RuntimeOperator，第二个参数是待实例化的算子 layer。我们在第 13 行中完成了类型为 test_type 的算子的实例化方法的插入，并在第 14~16 行中进行了验证。这里注册器规模等于 2 的原因是我们除了插入 test_type 算子，还在别处插入了 ReLU 算子。

5.5.3 获取算子

要获取系统中已注册的算子实例，可以调用 CreateLayer 方法。这个方法需要一个类型为 RuntimeOperator 的参数 op。CreateLayer 方法将提取 op 中的算子类型，并在算子注册器中进行查询，以获取对应的实例化方法。验证过程如代码清单 5-23 所示。

代码清单 5-23 获取 test_type 类型的算子的实例

```
1.  TEST(test_registry, create_layer) {
2.      LayerRegisterer::RegisterCreator("test_type_1", MyTestCreator);
3.      std::shared_ptr<RuntimeOperator>
4.          op = std::make_shared<RuntimeOperator>();
5.      op->type = "test_type";
```

```
6.     std::shared_ptr<Layer> layer;
7.     ASSERT_EQ(layer, nullptr);
8.     layer = LayerRegisterer::CreateLayer(op);
9.     ASSERT_NE(layer, nullptr);
10. }
```

我们先将 RuntimeOperator 实例的类型赋值为 test_type，再通过 CreateLayer 方法实例化 test_type 类型的算子的一个实例。如果在算子注册器，也就是在 CreateLayer 方法中没有对应类型的算子的实例化方法，那么整个程序就会记录日志后退出。

5.5.4　验证 ReLU 算子的功能

要验证 ReLU 算子的功能，不仅要获取 ReLU 算子的实例化方法，还要确保该算子能够正确处理输入数据，即筛选出小于 0 的数据，也就是验证我们的实现是否符合 ReLU 算子的计算规则。因此，在以下的单元测试中，我们首先生成一个随机的输入张量 input_tensor，然后将这个输入张量放入输入张量数组中，并调用 Forward 方法来执行对输入数据的运算。通过比较运算前后的打印输出，可以确认输出张量中所有小于 0 的数据都已经被正确地设置为 0。需要说明的是，sftensor 是 std::shared_ptr<ftensor> 类型的一个别名，表示一个指向张量的智能指针类型。以上实现过程如代码清单 5-24 所示。

代码清单 5-24　验证 ReLU 算子的功能

```
1.  TEST(test_registry, create_layer_reluforward) {
2.      std::shared_ptr<RuntimeOperator> op
3.          = std::make_shared<RuntimeOperator>();
4.      op->type = "nn.ReLU";
5.      std::shared_ptr<Layer> layer;
6.      ASSERT_EQ(layer, nullptr);
7.      layer = LayerRegisterer::CreateLayer(op);
8.      ASSERT_NE(layer, nullptr);
9.
10.     sftensor input_tensor = std::make_shared<ftensor>(3, 4, 4);
11.     input_tensor->Rand();
12.     input_tensor->data() -= 0.5f;
13.
14.     LOG(INFO) << input_tensor->data();
15.
16.     std::vector<sftensor> inputs(1);
17.     std::vector<sftensor> outputs(1);
18.     inputs.at(0) = input_tensor;
19.
20.     layer->Forward(inputs, outputs);
21.
22.     for (const auto &output : outputs) {
23.         output->Show();
24.     }
25. }
```

5.6 小结

在本章中，我们引入了算子的概念并阐述了其与计算节点的关联，还介绍了自定义算子计算逻辑的方法。为有效管理算子的实例化方法，我们精心设计了算子的全局注册器，用于存放算子类型和实例化方法。推理框架可以通过算子类型获取对应的实例化方法，并传递参数和权重以实例化对应的算子。

我们介绍了 ReLU 算子的实现方法及如何将它注册到全局注册器中。作为 Layer 类的派生类，ReLU 算子类需要重写 Forward 方法来定义计算流程。之后，我们通过单元测试验证全局注册器的唯一性、实例化方法的插入和相应算子的获取，以及 ReLU 算子计算的正确性。

下一章，我们将学习池化算子和卷积算子的实现。

5.7 练习

尝试实现 Sigmoid 算子并完成注册。完成后需要通过 course5_layerfac/test/test_sigmoid.cpp 中的单元测试进行验证，其中包括以下两个单元测试。

❑ `create_layer_find`：用于验证算子是否注册成功，注册的类型应该是 `nn.sigmoid`。

❑ `create_layer_sigmoid_forward`：用于验证所实现的 Sigmoid 算子能否正常运行。

第6章

池化算子和卷积算子的实现

在第 5 章中，我们探讨了算子注册器的原理与实现以及算子实例化的流程，并引导大家设计了第一个算子——ReLU。本章延续之前的学习内容，带领大家实现两种在深度神经网络中广泛应用的核心算子：池化算子和卷积算子。

在动手实现池化算子和卷积算子之前，我们先分析这两种算子的算法原理，然后进行具体的实现，最后将它们注册到框架中，以便在后续的操作中使用。在本章中，我们还会为这两种算子设计一系列的单元测试，以验证它们的功能。通过学习本章内容，大家可深入了解这两种算子的工作原理，以及如何高效地实现这两种算子。

6.1 池化算子

6.1.1 简介

池化（pooling）操作在深度神经网络中通过对输入特征图进行降采样，减小输入特征图的维度，同时保留输入特征图中的重要特征。在深度神经网络中，池化操作通常作为一个算子来实现，根据池化方式的不同，可将其分为最大池化算子与平均池化算子。池化算子主要包括以下参数。

- ❑ 池化窗口大小（pooling window size）：一次池化操作覆盖的区域大小，如 2×2、3×3 等。
- ❑ 步长（stride）：池化窗口在输入特征图上滑动的距离。在卷积操作中也有卷积窗口的滑动，但是卷积操作还涉及对权重的处理。
- ❑ 填充（padding）：在输入特征图边缘进行填充，以控制输出特征图的大小。

设定一个固定大小的池化窗口后，池化算子就能在当前池化窗口范围内对输入数据的各个元素执行特定的聚合操作。这些聚合操作可以是提取窗口内的最大值，即最大池化操作；也可以是计算窗口内数据的平均值，即平均池化操作。这两种池化操作各有优势。

最大池化操作具有以下优势。

- ❑ 保留局部显著特征：最大池化操作倾向于保留池化窗口中的最大值，而最大值通常对应于最显著的特征，例如纹理或边缘。换句话说，最大池化操作能在减少数据量的同时保留重要的纹理、边缘等信息。

❑ 对小的位移不敏感：最大池化操作能够更好地保留特征的位置信息，这是因为当图像中的物体发生平移时，最大池化操作可以在一定程度上保持特征的显著性。也就是说，无论物体在图像中的位置如何变化，最大池化操作都能提取局部区域中最显著的特征。

平均池化操作具有以下优势。

❑ 平滑特征：平均池化操作通过对局部窗口区域内的像素值取平均，有效地平滑图像，减少噪声的影响。也就是说，平均池化操作可以使图像中噪声点的像素值更接近周围像素的平均值，从而减少噪声对深度神经网络的影响。

❑ 概括局部信息：平均池化操作可以将局部区域的信息加以整合与概括。对输入特征图不同区域进行平均池化操作，能够获得更具代表性的特征表示。

由此可见，最大池化操作更注重突出局部特征，而平均池化操作更多地用于平滑处理。总体来说，池化操作有助于降低输入特征图的维度大小，提高计算效率。由于减少了噪声对深度神经网络的影响，池化操作还能在一定程度上增强模型的泛化能力，使模型在面对输入数据的小变化时更为稳定。

以图 6-1 为例，其中的灰色区域代表一个大小为 2×2 的池化窗口，在进行最大池化操作时，池化窗口会从输入张量的左上角出发，遵循从左至右、从上至下的方向逐步滑动。每次滑动时，池化窗口都会覆盖输入张量的一个局部区域，然后从这个区域内选取最大值（如果是平均池化操作，则获取平均值），并将该值保存到输出张量的对应位置上。

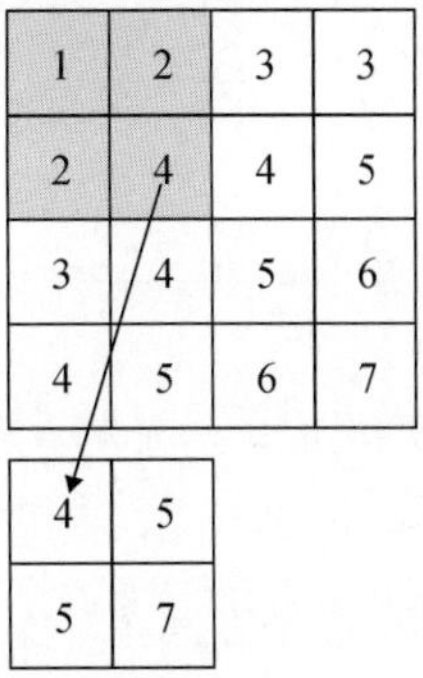

图 6-1 最大池化图示

实现以上过程的具体步骤如下。

(1) 定义池化窗口大小。在本例中将池化窗口大小设置为 2×2。

(2) 设置步长。通常将步长设置为 1 或 2，如果步长为 1，则池化窗口会在每个方向上逐个元素滑动；如果步长为 2，则窗口会跳过两个元素滑动到下一个位置。在本例中将步长设置为 2。

(3) 进行池化操作。将池化窗口定位在输入张量左上角的 2×2 区域，此区域包含元素 1、2、2、4，本例进行的是最大池化操作，所以可获取其中的最大值，也就是 4。

(4) 按照设定的步长，以从左至右、从上至下的方向滑动池化窗口。这次池化窗口覆盖的区域包含元素 3、3、4、5，进行最大池化操作后，结果为 5。

(5) 重复步骤(3)和步骤(4)，直到池化窗口覆盖输入张量的所有元素。最终得到的结果包含 4、5、5、7，如图 6-1 左下角所示。

在池化算子中，池化窗口向下滑动的距离由垂直方向的步长（也称为步长高度，stride height）决定，向右滑动的距离由水平方向的步长（也称为步长宽度，stride width）决定，池化窗口的大小由池化窗口的高度（pooling height）和池化窗口的宽度（pooling width）共同决定，而池化窗口的大小决定了每次池化操作中一个窗口中的元素数量。

当池化窗口在输入特征图的每个通道上滑动时，算子会根据池化方法（如最大池化或平均池化）对当前窗口内的所有元素执行聚合，并将计算结果写入输出特征图的对应位置上。池化后输出特征图的大小可以通过以下计算公式得到：

$$\text{输出特征图的大小} = \left\lfloor \frac{\text{输入特征图的大小} - \text{池化窗口大小}}{\text{池化窗口每次滑动的步长}} + 1 \right\rfloor$$

由此，对于高度和宽度分别为 H_{in} 和 W_{in} 的输入特征图，对应的池化后的输出特征图的高度 H_{out} 和宽度 W_{out} 的计算公式分别为：

$$H_{out} = \frac{H_{in} - F_h}{S_h} + 1$$

$$W_{out} = \frac{W_{in} - F_w}{S_w} + 1$$

其中，F_h 和 F_w 分别是池化窗口的高度和宽度，S_h 和 S_w 分别表示池化窗口在垂直方向和水平方向的滑动步长。

在图 6-1 所示的例子中，池化窗口在水平方向（从左到右）滑动的步长为 2，这意味着池化窗口每次向右滑动两个元素的位置。图 6-2 展示了一个滑动步长为 1 的示例，即池化窗口每次滑动一个元素的位置。可以看出，当滑动步长小于池化窗口宽度时，池化窗口覆盖的元素会出现重叠。在图 6-2 中，池化窗口第一次覆盖的元素包括 1、2、2、4，滑动后，覆盖的元素包括 2、3、4、4。

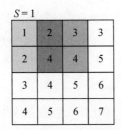

图 6-2 步长为 1、池化窗口大小为 2×2 的池化操作

6.1.2 池化操作中的边界填充

在使用池化算子之前，有时还需要对输入特征图执行边界填充，以达到以下目的。

- 保持空间维度一致。在没有填充的情况下，每次池化操作都会减小特征图的尺寸，尤其是应用多层池化操作时，特征图的尺寸会显著缩小，可能导致信息丢失。通过边界填充，可以使池化后的特征图的输出尺寸与输入尺寸保持一致，从而在多次操作之后能够保留更多的空间信息。
- 更好地处理边缘特征。池化操作通常会忽略特征图的边缘部分，因为靠近边缘时，池化窗口可能无法覆盖整个区域。边界填充可以在特征图的边缘添加额外的像素，使得池化窗口能够完全覆盖边缘区域，从而更好地提取边缘特征。
- 提高模型性能。通过边界填充，神经网络可以更好地利用输入特征图的所有信息，包括边缘区域的信息，从而提高模型的性能和准确性。

当我们将填充值设定为 2 时，池化操作会在输入特征图的四周增加两圈边界，这些边界通常由最小值元素组成。

对于进行了边界填充的池化算子，其输出特征图的尺寸的计算方法略有不同，计算公式如下：

$$输出特征图的大小 = \left\lfloor \frac{输入特征图的大小 - 池化窗口大小 + 2 \times 填充大小}{池化窗口每次滑动的步长} + 1 \right\rfloor$$

对于高度和宽度分别为 H_{in} 和 W_{in} 的输入特征图，输出特征图的高度 H_{out} 和宽度 W_{out} 的计算公式分别为：

$$H_{out} = \frac{H_{in} - F_h + 2P_h}{S_h} + 1$$

$$W_{out} = \frac{W_{in} - F_w + 2P_w}{S_w} + 1$$

其中，已有变量代表的含义跟前述公式相同，P_h 表示在输入特征图的上下两侧填充的像素数，P_w

表示在输入特征图的左右两侧填充的像素数。在计算输出特征图的尺寸时,需要将原有的输入尺寸加上填充像素数的 2 倍。除此之外,其余的处理流程与不包含边界填充的池化算子一致。

6.1.3 多通道输入特征图的池化

在对多通道输入特征图的池化中,池化操作会独立地作用于每个通道的特征图上。多通道池化算子的实现机制与单通道池化算子的核心实现机制基本相同,区别在于多通道池化算子会对输入特征图中的每一个通道分别进行池化操作,再将所有通道的池化结果沿着通道维连接起来,形成多通道池化的输出结果。

多通道池化算子用于对多维数据进行池化操作,能够为深度学习模型提供更丰富的特征表示。我们以一个对通道数量为 3 的输入特征图进行最大池化操作的例子来进行说明。如图 6-3 所示,池化窗口大小为 2×2,步长为 2,图中的 3 个通道分别为 C1、C2 和 C3。为了确保输入特征图的每个区域都被全面覆盖,在每个通道上,窗口都严格遵循先从左至右,再从上到下的滑动顺序。对每个通道独立进行池化操作后,将每个通道的池化结果放置到对应输出通道的相应位置上。当对第 3 个通道中某个窗口内的输入数据进行处理时,我们已经先后对第 1 个和第 2 个通道中相应窗口的数据实施了池化操作,并且把对应的结果放置到输出特征图之中。

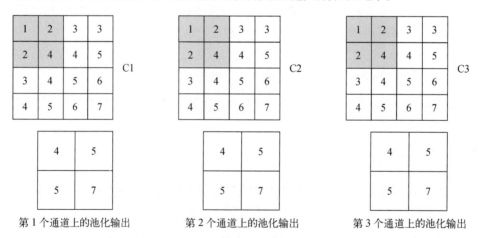

第 1 个通道上的池化输出　　　　第 2 个通道上的池化输出　　　　第 3 个通道上的池化输出

图 6-3　对多通道输入特征图进行池化操作

6.1.4 池化算子的实现

我们以最大池化算子为例介绍池化算子的实现,平均池化算子的实现与其类似。回顾第 5 章,我们讨论了算子类的继承关系,在此前提下,所有的算子类均从 `Layer` 父类派生而来,因此算子类需要重写父类的 `Forward` 方法。该方法作为算子类的核心,定义了算子计算其输入数据的过程。池化算子的 `Forward` 方法的实现包含以下 3 个关键步骤。

(1) 对输入张量进行检查，确保输入数据不为空，并符合池化算子处理的维度要求。

(2) 实现池化计算。算子需要自定义计算过程，对输入数据执行相应的操作。对于最大池化算子来说，它将逐个窗口地从输入数据中选取最大值并保存到输出区域中。在完成一个窗口的运算后，按规定顺序滑动到下一个窗口。

(3) 完成池化计算后，将相应的结果存放到 Forward 方法的第 2 个参数中，并将其作为输出张量返回。

下面我们按照以上 3 个步骤来实现最大池化算子类 MaxpoolingLayer。

首先，在最大池化算子类 MaxpoolingLayer 的 Forward 方法中对输入张量数组进行检查，如代码清单 6-1 所示。

代码清单 6-1　检查输入张量数组

```
1.  InferStatus MaxPoolingLayer::Forward(
2.      const std::vector<std::shared_ptr<Tensor<float>>>& inputs,
3.      std::vector<std::shared_ptr<Tensor<float>>>& outputs) {
4.      // 检查输入张量数组是否为空
5.      if (inputs.empty()) {
6.          LOG(ERROR) << "The input tensor array in the max pooling layer is empty";
7.          return InferStatus::kInferFailedInputEmpty;
8.      }
9.
10.     // 检查输入张量数组和输出张量数组的大小是否匹配
11.     if (inputs.size() != outputs.size()) {
12.         return InferStatus::kInferFailedInputOutSizeMatchError;
13.     }
14.
15.     // 其他逻辑待实现
16. }
```

在上述代码中，先判断输入张量数组是否为空，如果为空则返回。同时，比较输入张量数组和输出张量数组的大小是否相等，如果两者不相等，则返回对应的错误码。

随后，Forward 方法开始处理输入张量数组（数组中的每个张量对应一个输入特征图），如代码清单 6-2 所示。

代码清单 6-2　根据输入特征图的大小计算输出特征图的大小

```
1.  for (uint32_t i = 0; i < batch; ++i) {
2.      const std::shared_ptr<Tensor<float>>& input_data = inputs.at(i);
3.      // 得到输入特征图的大小和经过边界填充的输入特征图的大小
4.      const uint32_t input_h = input_data->rows();
5.      const uint32_t input_w = input_data->cols();
6.      const uint32_t input_padded_h = input_data->rows() + 2 * padding_h_;
7.      const uint32_t input_padded_w = input_data->cols() + 2 * padding_w_;
8.
9.      const uint32_t input_c = input_data->channels();
10.     // 计算得到输出特征图的大小
```

```
11.         const uint32_t output_h = uint32_t(
12.             std::floor((int(input_padded_h) - int(pooling_h)) / stride_h_ + 1));
13.         const uint32_t output_w = uint32_t(
14.             std::floor((int(input_padded_w) - int(pooling_w)) / stride_w_ + 1));
```

在代码清单 6-2 中，我们先逐一检查输入张量数组中的每个张量 input_data 是否为空，并记录它们的高度（input_h）和宽度（input_w）。如果池化算子的参数中规定了需要对输入张量进行填充，那么还需计算输入张量填充后的高度（input_padded_h）和宽度（input_padded_w），以及张量的通道数（input_c）。此外，在池化窗口的高度和宽度分别为 pooling_h 和 pooling_w 的情况下，将依据公式计算出对输入张量进行池化操作后输出张量的高度和宽度，即 output_h 和 output_w。

在池化窗口滑动的过程中，会对上一步所获取的输入张量 input_data 中的每一个通道单独进行处置，如代码清单 6-3 所示。具体来说，首先依次处理每个输入通道 input_channel，并将对该输入通道的池化结果写入输出通道 output_channel。然后在该输入通道上应用池化操作，每个池化窗口在垂直方向和水平方向的步长分别为 stride_h 和 stride_w。

池化窗口在某个时刻左上角的起始坐标可以用(c, r)表示，其中 c 是输入通道上的列索引，r 是行索引。在代码中，列循环位于内层，这是因为 Cube 中的数据是按列主序的方式存储的，所以先遍历列再遍历行能够更好地利用系统缓存，从而提高处理速度。output_row 和 output_col 是当前池化操作结果的输出位置，输出位置的计算方法可参考代码清单 6-3 的第 5 行和第 7 行。

代码清单 6-3　池化算子在每个输入通道上进行窗口滑动

```
1.  for (uint32_t ic = 0; ic < input_c; ++ic) { // 逐通道进行池化
2.      const arma::fmat& input_channel = input_data->slice(ic); // 获取一个通道
3.      arma::fmat& output_channel = output_data->slice(ic);
4.      for (uint32_t c = 0; c < input_padded_w - pooling_w + 1; c += stride_w_) {
5.          uint32_t output_col = uint32_t(c / stride_w_); // 根据输入的列位置计算输出的
                                                           // 列位置
6.          for (uint32_t r = 0; r < input_padded_h - pooling_h + 1; r += stride_h_) {
7.              uint32_t output_row = uint32_t(r / stride_h_);// 根据输入的行位置计算输出的
                                                              // 行位置
8.              ...
9.          }
10.     ...
11.     }
12. }
```

当我们定位到任意一个池化窗口时，需要对窗口内的 pooling_w * pooling_h 个元素求最大值，如代码清单 6-4 所示。

❑ 如果池化窗口中元素的坐标没有超出当前通道的输入特征图宽度或高度范围，我们可以直接从输入特征图中获取对应位置的值。当前池化窗口中某个元素的坐标可以表示为

(c + w - padding_w_, r + h - padding_h_)，padding_w_和 padding_h_ 是边缘填充的宽度和高度。鉴于此，我们在池化操作中计算某个元素的坐标时，需要减去相应的填充值。c + w 表示池化窗口起始列加上当前位置在窗口内的列偏移量，r + h 表示池化窗口起始行加上当前位置在窗口内的行偏移量。

- 如果池化窗口中元素的坐标超出了当前通道的输入特征图的宽度或者高度的范围，即 r + h 大于输入特征图的高度 input_h + padding_h_ 或 c + w 大于输入特征图的宽度 input_w + padding_w_，那么我们需要将浮点数的最小值赋给当前超出访问范围的元素。这样做是为了避免发生对特征图访问越界的情况，确保程序正常运行。

代码清单 6-4　求一个池化窗口中的最大值

```
1.  for (uint32_t c = 0; c < input_padded_w - pooling_w + 1; c += stride_w_) {
2.      uint32_t output_col = uint32_t(c / stride_w_); // 逐行遍历输入特征图，c 是当前位置的
                                                          列坐标
3.      for (uint32_t r = 0; r < input_padded_h - pooling_h + 1; r += stride_h_) {
4.          uint32_t output_row = uint32_t(r / stride_h_); // r 和 c 分别是当前位置的行坐标
                                                              与列坐标
5.          float* output_channel_ptr = output_channel.colptr(output_col);
6.          float max_value = std::numeric_limits<float>::lowest();
7.          // output_row 和 output_col 是输出特征图上对应位置的行坐标与列坐标
8.          for (uint32_t w = 0; w < pooling_w; ++w) {
9.              const float* col_ptr = input_channel.colptr(c + w - padding_w_) + r;
10.             for (uint32_t h = 0; h < pooling_h; ++h) {
11.                 // 第 8 行和第 10 行开始的 for 循环是在某一个窗口内进行遍历
12.                 float current_value = 0.f;  // 如果当前位置的行坐标和列坐标在合理范围内
13.                 if ((h + r >= padding_h_ && w + c >= padding_w_) &&
14.                     (h + r < input_h + padding_h_ && w + c < input_w + padding_w_)) {
15.                     current_value = *(col_ptr + h - padding_h_);
16.                 } else {
17.                     current_value = std::numeric_limits<float>::lowest();
18.                 }
19.                 // 记录某个窗口内的最大值
20.                 max_value = std::max(max_value, current_value);
21.             }
22.         }
23.         *(output_channel_ptr + output_row) = max_value;
24.     }
25. }
```

在以上代码中，通过第 8 行和第 10 行的循环来遍历大小为 pooling_w×pooling_h 的池化窗口并在其中寻找最大值，将其记作 max_value，第 9 行和第 15 行定位了当前池化窗口中元素的坐标，也就是 (c + w - padding_w_, r + h - padding_h_)。在处理完这个窗口之后，我们会将最大值写入对应的输出张量的 (output_row, output_col) 坐标处。

当池化窗口滑动至输入张量边缘时，可能出现坐标超出有效范围的情况，即无效范围，如图 6-4 所示。若不处理，会导致输入张量越界访问，引发程序错误。因此，在第 17 行中，我们

直接将 float 的最小值赋给当前越界位置对应的值 current_value。同时，在遍历池化窗口值时记录其中的最大值 max_value。在遍历完一个池化窗口内的所有元素后，我们将 max_value 作为当前池化窗口的输出。

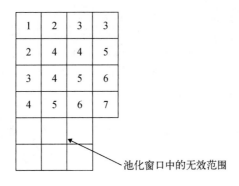

图 6-4　无效范围示例

▶ 完整的实现代码请参考 course6_maxconv/source/layer/details/maxpooling.cpp。

6.1.5　池化算子的注册

在实现池化算子后，我们需要使用第 5 章中提到的算子注册机制，将池化算子的实例化过程注册到全局注册器中。如此一来，推理框架便能够轻松获取池化算子的实例化方法，进而能够方便地实例化一个池化算子。接下来，我们以最大池化算子的实例化为例，详细探讨池化算子的注册过程。最大池化算子的实例化方法 GetInstance 的实现如代码清单 6-5 所示。

代码清单 6-5　最大池化算子的实例化方法

```
1.  ParseParameterAttrStatus MaxPoolingLayer::GetInstance(
2.    const std::shared_ptr<RuntimeOperator>& op,
3.    std::shared_ptr<Layer>& max_layer) {
4.  const std::map<std::string, std::shared_ptr<RuntimeParameter>>& params =
5.    op->params;
6.
7.  if (params.find("stride") == params.end()) {
8.    LOG(ERROR) << "Can not find the stride parameter";
9.    return ParseParameterAttrStatus::kParameterMissingStride;
10.  }
11.
12.  auto stride = std::dynamic_pointer_cast<RuntimeParameterIntArray>(params.at("stride"));
13.  if (!stride) {
14.    LOG(ERROR) << "Can not find the stride parameter";
15.    return ParseParameterAttrStatus::kParameterMissingStride;
16.  }
```

最大池化算子的实例化方法 GetInstance 接收以下两个参数。

- □ op：与待实例化算子相关联的计算节点 RuntimeOperator，其中包含实例化池化算子所需的步长、权重和其他参数信息。
- □ max_layer：待实例化的算子指针，我们将根据 op 中的配置信息来实例化这个算子。

GetInstance 方法会使用计算节点 RuntimeOperator 中的参数信息，如池化窗口大小、步长和填充模式等对池化算子进行实例化。实例化结束后，max_layer 参数将指向一个已实例化的池化算子实例，深度学习推理框架后续能够利用该算子进行池化运算。

在 GetInstance 方法中，首先获取池化算子实例化所需的 stride 参数，它定义了池化窗口每次在输入张量上滑动的步长。代码清单 6-5 的第 7 行检查参数集合中是否存在 stride 参数。如果找不到该参数，则会记录错误并返回对应的错误代码。另外，我们还需要通过类似的方法获取池化算子的其他参数，具体实现可以参见代码清单 6-6。

代码清单 6-6　从池化算子实例化方法中获取所需参数

```
1.  // 检查并获取 padding 参数
2.  if (params.find("padding") == params.end()) {
3.      LOG(ERROR) << "Can not find the padding parameter";
4.      return ParseParameterAttrStatus::kParameterMissingPadding;
5.  }
6.
7.  auto padding = std::dynamic_pointer_cast<RuntimeParameterIntArray>(params.at("padding"));
8.  if (!padding) {
9.      LOG(ERROR) << "Can not find the padding parameter";
10.     return ParseParameterAttrStatus::kParameterMissingPadding;
11. }
12.
13.  ...// 省略检查并获取 kernel_size 和 stride 参数的逻辑
14.
15.  // 确保正确获取和验证所有参数后，实例化 MaxPoolingLayer
16.  max_layer = std::make_shared<MaxPoolingLayer>(
17.      padding_values.at(0), padding_values.at(1),
18.      kernel_values.at(0), kernel_values.at(1),
19.      stride_values.at(0), stride_values.at(1)
20.  );
21. }
22. LayerRegistererWrapper kMaxPoolingGetInstance("nn.MaxPool2d", MaxPoolingLayer::
       GetInstance);
```

在代码清单 6-6 的第 17~19 行，我们将在实例化方法中收集到的池化算子所需的所有参数，包括填充大小（padding_values）、池化窗口大小（kernel_values）以及滑动步长（stride_values）等关键参数传递给对应算子的实例化方法并完成实例化。当完成池化算子的实例化方法编写后，将它注册到算子的全局注册器中（第 22 行）。

6.2 卷积算子

6.2.1 简介

卷积算子是深度神经网络中重要且常用的算子，用于提取输入特征图的局部和全局特征。卷积核在滑动过程中，卷积算子接收输入张量和一组卷积核（也称为权重），卷积核的每个元素与输入张量中对应位置的元素相乘，然后将这些乘积求和，得到一个标量，这个标量会作为输出张量中对应位置的值。

在深度学习推理框架中，卷积算子通常包括以下参数。

- □ 卷积核大小：卷积核的尺寸，如 3×3、5×5 等。
- □ 输入通道数：输入数据的特征维度。在图像处理中，如果输入的是彩色图像，通常有 3 个颜色通道，分别对应红色、绿色、蓝色 3 种颜色。
- □ 输出通道数：经过卷积操作后输出数据的特征维度。每个输出通道可以看作对输入数据的一种特定的变换或特征映射，它在数量上等于卷积核的个数。
- □ 步长：卷积核每次在输入张量上滑动的距离。
- □ 填充：在输入张量边缘添加的填充，以控制输出特征图的大小。

卷积算子可以用以下公式描述：

$$Y_{i,j} = \sum_{m=0}^{k_\mathrm{h}-1}\sum_{n=0}^{k_\mathrm{w}-1} X_{i+m,j+n} \cdot H_{m,n}$$

其中

- □ $Y_{i,j}$ 表示输出矩阵 Y 中位置为 (i,j) 的元素；
- □ $X_{i+m,j+n}$ 表示输入矩阵 X 中位置为 $(i+m, j+n)$ 的元素，$i+m$ 和 $j+n$ 用来将卷积核 H 和输入矩阵 X 对齐，卷积核 H 会在 X 上滑动，滑动窗口大小为 $k_\mathrm{h} \times k_\mathrm{w}$；
- □ $H_{m,n}$ 表示卷积核 H 中位置为 (m,n) 的元素。

卷积核每次滑动时，卷积核的每个元素 $H_{m,n}$ 会与输入矩阵 X 中对应的元素 $X_{i+m,j+n}$ 相乘，计算出它们的乘积后，所有乘积的和就构成了输出矩阵 Y 中的一个元素 $Y_{i,j}$。

6.2.2 卷积的直观解释

1. 单通道卷积和多通道卷积

为了更直观地解释卷积过程，我们通过二维矩阵的卷积（单通道卷积）操作来进行说明。在图 6-5 中，卷积核（kernel）以滑动窗口的方式逐个遍历输入张量。在每个卷积窗口内，卷积核与输入张量（input）对应位置的元素逐点相乘（从左上角开始，取 3×3 的区域），然后将乘积结果相加，最终结果被放置在输出张量（output）的相应位置上，在这里的最终结果就是 110。这个过程在整个输入张量上重复进行，直到覆盖所有区域，从而生成完整的卷积输出张量。

卷积计算过程如下。

经过卷积操作后对应位置的输出张量中的元素为 110：

$$1×1+2×2+3×3+5×3+6×2+7×1+9×1+10×2+11×3=110$$

图 6-5　单通道卷积操作

单通道卷积是指卷积核与一个通道的输入特征图进行卷积操作，常用于灰度图像或其他单通道数据。单通道卷积的计算方式可以推广到多通道卷积，多通道卷积是指多个通道的卷积核与多个通道的输入特征图进行卷积操作，然后将多个通道上的卷积结果相加得到最后的结果，常用于彩色图像或其他多通道数据。

需要注意的是，输入张量的通道数必须与卷积核的通道数相匹配。如图 6-6 所示，输入张量和卷积核均具有两个通道（channel1 和 channel2）[①]，它们在进行卷积运算时遵循一一对应的关系。也就是说，通道 1（channel1）的输入与通道 1 的卷积核进行卷积操作，通道 2（channel2）的输入与通道 2 的卷积核进行卷积操作，然后这两个结果相加，得到最终的输出值。

卷积计算过程如下。

通道 1 的卷积操作结果：

$$1×1+2×2+3×3+5×3+6×2+7×1+9×1+10×2+11×3=110$$

通道 2 的卷积操作结果：

$$1×1+2×2+3×3+5×3+6×2+7×1+9×1+10×2+11×3=110$$

经过卷积操作后输出张量中相应位置的元素：

$$110+110=220$$

---

① 为简单起见，这里输入张量的两个通道相同，卷积核的两个通道也相同。本书后续对类似情况的说明也采用了这种设置。

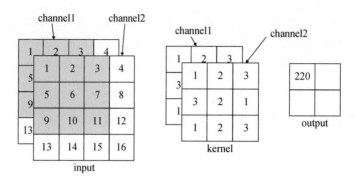

图 6-6 多通道卷积操作

2. 多核多通道卷积

在多个卷积核参与卷积计算的过程中，卷积输出张量的通道数与所用的卷积核数量是相同的。换句话说，输出张量里的每一个输出通道都是由一个卷积核对输入张量提取特征产生的，并且每个卷积核中的通道数与输入张量的通道数相同。

- 如果我们想得到一个单通道的输出，则只需要使用一个卷积核，该卷积核的通道数需要与输入张量的通道数相同。
- 如果我们想得到多通道的输出，例如 n 个通道，那么我们需要使用 n 个卷积核对输入张量提取特征，并且每个卷积核的通道数需要与输入张量的通道数保持一致。

在图 6-6 所示的例子中，我们只需要得到一个单通道的输出，因此只需要使用一个卷积核即可完成卷积操作，而在图 6-7 所示的例子中，为了得到多通道的输出，我们会使用多个卷积核与输入张量进行卷积运算，且每个卷积核的通道数需要与输入张量的通道数保持一致。具体而言，我们先将输入张量的两个通道分别与卷积核 1（kernel1）的两个通道进行卷积运算，然后将这两个结果相加，得到输出张量 1（output1）中相应位置的元素。同理，我们再将输入张量的两个通道分别与卷积核 2（kernel2）的两个通道进行卷积运算，然后将这两个结果相加，得到输出张量 2（output2）中相应位置的元素。

卷积计算过程如下。

卷积核 1 针对通道 1 的卷积操作结果：

$$1 \times 1 + 2 \times 2 + 3 \times 3 + 5 \times 3 + 6 \times 2 + 7 \times 1 + 9 \times 1 + 10 \times 2 + 11 \times 3 = 110$$

卷积核 1 针对通道 2 的卷积操作结果：

$$1 \times 1 + 2 \times 2 + 3 \times 3 + 5 \times 3 + 6 \times 2 + 7 \times 1 + 9 \times 1 + 10 \times 2 + 11 \times 3 = 110$$

经过卷积核 1 的卷积操作后输出张量 1 中相应位置的元素：

$$110 + 110 = 220$$

卷积核 2 针对通道 1 的卷积操作结果：

$$1×1+2×2+3×3+5×3+6×2+7×1+9×1+10×2+11×3=110$$

卷积核 2 针对通道 2 的卷积操作结果：

$$1×1+2×2+3×3+5×3+6×2+7×1+9×1+10×2+11×3=110$$

经过卷积核 2 的卷积操作后输出张量 2 中相应位置的元素：

$$110+110=220$$

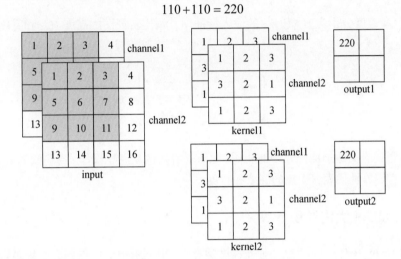

图 6-7　多核多通道卷积操作

3. 分组卷积

分组卷积是一种有效的卷积运算优化方法，它通过将输入通道和卷积核通道分组，降低了计算复杂度。在之前的例子中，每个卷积核的通道数与输入通道数相同，这意味着每个卷积核都需要与所有输入通道进行卷积运算，虽然确保了在卷积过程中信息的完整性，但是导致了较高的计算成本。

分组卷积通过将输入通道和卷积核通道划分为若干组，使每个卷积核只需与其对应组的输入通道进行卷积运算。例如，设定分组数为 2，那么对于一个具有 4 个输入通道的卷积操作，我们可以将输入通道分为两组，每组两个通道。相应地，还需要将卷积核分为两组，每组有两个卷积核，并且一个卷积核只使用其中的两个通道，这是为了和输入的通道数保持一致。

在进行卷积运算时，第 1 组卷积核仅与输入张量第 1 组的两个通道进行卷积，而第 2 组卷积核则仅与输入张量第 2 组的两个通道进行卷积。这样，原本每个卷积核需要与 4 个通道进行卷积，现在只需处理两个通道。这种设计不仅减少了计算量，而且在保持深度神经网络性能的同时，提高了数据处理的效率。

我们简单总结一下：在本节中，我们学习了卷积的基本概念，并通过直观的方式解释了卷积的工作原理。我们知道，每个卷积核的通道数必须与其所处理的输入数据的通道数相同，而卷积层中卷积核的总数决定了输出数据的通道数。在进行卷积计算时，卷积输出特征图的大小可以通过以下公式计算：

$$输出特征图的大小 = \left\lfloor \frac{输入特征图的大小 - 卷积核的大小 + 2 \times 填充大小}{卷积窗口每次滑动的步长} \right\rfloor + 1$$

对于高度和宽度分别为 H_{in} 和 W_{in} 的输入特征图，输出特征图的高度 H_{out} 和宽度 W_{out} 的计算公式分别为：

$$H_{out} = \frac{H_{in} - K_h + 2P_h}{S_h} + 1$$

$$W_{out} = \frac{W_{in} - K_w + 2P_w}{S_w} + 1$$

其中，已有变量的含义跟前面公式中的相同，只不过针对的是卷积操作。卷积核的大小是由 K_h 和 K_w 决定的，它们分别代表卷积核的高度和宽度。

6.2.3　用 Im2Col 优化卷积计算

Im2Col（Image to Column）是一种在深度学习中常用的技术，它的核心思想是将输入特征图的局部区域展平为列向量，从而将卷积计算转换为矩阵乘法运算。这种技术利用了矩阵乘法的高度优化和并行化特性，实现了对卷积计算的加速。

在卷积运算的传统计算方法中，每个卷积核都需要在输入数据的每个可卷积区域上滑动，执行逐点相乘并累加的操作，再输出到对应位置，这个过程涉及大量计算和数据加载，尤其是当卷积核较大或输入特征图分辨率较高时。Im2Col 逐个将输入特征图的局部区域（卷积核覆盖的区域）展开成一个行向量，然后将这些行向量堆叠成一个矩阵，从而将卷积操作转化为输入矩阵乘以卷积核矩阵（多个卷积核同样会被展开成一组向量，再堆叠成一个矩阵）的形式。这样，我们就可以利用现有的高效矩阵运算库（如 BLAS 或 cuBLAS）来加速卷积计算。具体来说，Im2Col 的实现包括以下步骤。

(1) 定义卷积核的大小和步长。卷积核的大小是指卷积核的高度乘以宽度，而步长则是指卷积核在输入特征图上每次滑动的距离。

(2) 提取输入特征图中一个卷积核大小的局部区域，并将它展开成一个 N 维的行向量，其中 N 是卷积核大小区域中的元素数量。

(3) 在步骤(2)的基础上构建输入展开矩阵。具体而言，当完成步骤(2)中一个局部区域的展开后，将卷积核滑动到下一个位置，接着将当前卷积核覆盖的输入元素展开，最后将所有展开的行向量按照顺序堆叠起来，得到卷积操作的输入展开矩阵。

(4) 执行矩阵乘法操作。将输入展开矩阵与展开后的卷积核矩阵进行乘法操作，就可以得到卷积操作的最终结果。

通过以上操作，Im2Col 将卷积算子的计算转化为矩阵乘法运算，这样就能够利用现代硬件和软件库的高度优化特性加速深度神经网络中的卷积操作。我们可以通过图例直观地了解 Im2Col 在不同情况下是如何将输入特征图分卷积窗口展开并组合成矩阵的。图 6-8 展示了单通道卷积的展开过程。

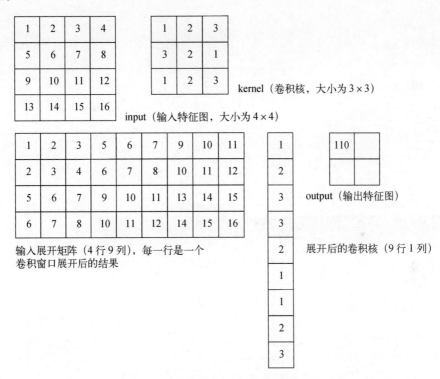

图 6-8　单通道输入特征图的逐窗口展开

图 6-8 中的输入展开矩阵指的是将输入特征图按卷积窗口展开后按行堆叠形成的输入矩阵，其中的每一行对应一个卷积窗口所覆盖的区域中所有元素展开的结果，行数与卷积窗口滑动的总数相对应。我们知道，每个卷积窗口展开都会生成一行，所以输入展开矩阵的行数也就直观地反映了卷积窗口滑动的总次数。而卷积核则被展开成一个 9 行 1 列的向量。随后，我们将输入展开矩阵和展开后的卷积核矩阵相乘，就会得到最后的卷积结果。通过这种方式，单通道的卷积运算就被成功地转换成矩阵乘法。

多通道输入特征图的展开方式是相同的，如图 6-9 所示。可以看出，二者唯一的不同是多通道输入展开矩阵的一行的长度是单通道输入展开矩阵一行的长度的 2 倍。这是因为在多通道输入特征图的输入展开矩阵中，每一行放置了输入特征图的多个通道在当前卷积窗口下展开的值。图 6-9 所示的输入特征图有 2 个通道，故其对应的输入展开矩阵的一行长度是单通道特征图的 2 倍。如果输入特征图有 3 个通道，那么输入展开矩阵的一行会依次摆放 3 个通道在当前窗口下展开的所有的值。

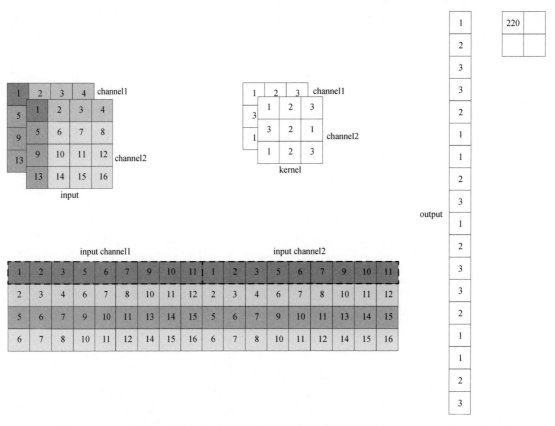

图 6-9 多通道输入特征图的逐窗口展开

同样地，从图 6-9 中可以看出，多通道的卷积核被逐通道地展开成一列，然后合并，成为一个含有 18 个元素的向量，其中索引位置 0~8 对应卷积核的通道 1 的展开值，索引位置 9~17 对应卷积核的通道 2 的展开值。

在多核多通道卷积操作中，输入特征图的展开方式与上例中的单核多通道卷积类似，即在多通道的输入特征图展开时，输入展开矩阵的每一行分别依次存放输入特征图的通道 1 和通道 2 中在某个窗口位置的展开值。唯一不同的是，由于有多个卷积核，所以要排列多个展开后的卷积核，原先 18×1 的卷积核展开矩阵变成了 $18 \times K$ 的矩阵，其中 K 表示卷积核的数量。

6.2.4 `Im2Col` 方法的实现

KuiperInfer 中 `Im2Col` 方法的定义如代码清单 6-7 所示。

代码清单 6-7 `Im2Col` 方法的定义

```
1.  arma::fmat ConvolutionLayer::Im2Col(sftensor input, uint32_t kernel_w,
2.      uint32_t kernel_h, uint32_t input_w,
3.      uint32_t input_h, uint32_t input_c_group,
4.      uint32_t group, uint32_t row_len,
5.      uint32_t col_len) const {
6.      // 输入展开矩阵, 用于存放使用 Im2Col 方法处理后的输入特征图
7.      arma::fmat input_matrix(input_c_group * row_len, col_len);
8.      const uint32_t input_padded_h = input_h + 2 * padding_h_;
9.      const uint32_t input_padded_w = input_w + 2 * padding_w_;
10.     const float padding_value = 0.f;
```

我们先来看一下 `Im2Col` 方法中的各个参数。

- ❑ `input`: 卷积操作的输入特征图。

- ❑ `kernel_w` 和 `kernel_h`: 卷积核的宽度和高度, 定义了卷积核大小。卷积核大小决定展开过程中每个卷积窗口中元素的个数。

- ❑ `input_w`、`input_h`、`input_c_group`: 输入特征图的宽度、高度和通道数, 定义了输入特征图的尺寸, 也就是 `input` 的大小。如果当前是分组卷积, `input_c_group` 表示每组的通道数, 否则, 它就是输入特征图所有的通道数。

- ❑ `row_len`: 卷积窗口展开后的数据数量, 也就是每个卷积窗口的元素个数。`row_len = kernel_w * kernel_h`。

- ❑ `col_len`: 卷积窗口在输入特征图上滑动的次数, 也就是输出矩阵的列数。每一列对应一个卷积窗口的位置, 包含了该位置上所有通道的展开数据。

针对图 6-8, 我们设定 `row_len=9`, `row_len` 的数值代表一个卷积窗口中所包含的输入元素数量, 也是 `Im2Col` 展开操作后得到的输入展开矩阵的行数, 这是因为输入展开矩阵的每一列表示输入特征图上对应一个卷积窗口被展开的所有元素值(这里和图 6-9 稍有不同, 图 6-9 中采用每一行对应展开的值, 而我们在代码实现时采用每一列对应一个窗口展开的值)。通过这种方式, `Im2Col` 方法将原始的二维特征图转换成一个新的输入矩阵。下面我们先申请一个 `input_matrix` 矩阵用于存放输入张量的逐窗口展开(输入展开矩阵), 也就是存储执行 `Im2Col` 之后的数据, 如代码清单 6-8 所示。

代码清单 6-8 计算输入展开矩阵的大小

```
1.  arma::fmat input_matrix(input_c_group* row_len, col_len);
2.  const uint32_t input_padded_h = input_h + 2 * padding_h_;
3.  const uint32_t input_padded_w = input_w + 2 * padding_w_;
```

从代码清单 6-8 可以知道，输入展开矩阵的行数等于输入通道数（input_c_group）与卷积窗口的大小（row_len）相乘的结果。这是因为输入展开矩阵的每一列都要存放多个输入数据通道在某一个窗口下的展开，而它的列数就是卷积窗口在输入数据上滑动的次数，也就是卷积窗口的数量，我们用变量 col_len 表示，这些都是可以通过卷积算子的参数计算得到的。下面我们通过代码清单 6-9 来看看展开的过程。

代码清单 6-9　将多通道的输入特征图按照卷积窗口逐一展开

```
1.   for (uint32_t ic = 0; ic < input_c_group; ++ic) {
2.       // 获取当前通道的数据指针
3.       float* input_channel_ptr =
4.           input->matrix_raw_ptr(ic + group * input_c_group);
5.       uint32_t current_col = 0;
6.       // 计算当前通道的数据展开后在输入展开矩阵中的行的起始位置
7.       uint32_t channel_row = ic * row_len;
8.       // 在当前输入通道上进行滑动操作
9.       for (uint32_t w = 0; w < input_padded_w - kernel_w + 1; w += stride_w_) {
10.          for (uint32_t r = 0; r < input_padded_h - kernel_h + 1; r += stride_h_) {
11.              // 获取当前通道在输入展开矩阵中对应位置的指针
12.              float* input_matrix_ptr =
13.                  input_matrix.colptr(current_col) + channel_row;
```

对核心代码实现的描述如下。

第 3 行：获取当前输入通道的数据指针 input_channel_ptr。在之后的展开过程中，多个通道在同一卷积窗口的展开值会依次排布在输入展开矩阵（input_matrix）的同一列中。input_matrix 的形状为(input_c_group * row_len, col_len)，每列中依次存储同一个卷积窗口在多个通道中的展开数据。当卷积窗口的起始位置为输入图像的左上角，即偏移坐标为(0,0)时，输入数据的通道 1 对应位置的数据展开后放在 input_matrix 的第 1 列以 0 * row_len 为起始点的位置上，通道 2 对应位置的数据放在 input_matrix 的第 1 列以 1 * row_len 为起始点的位置上，以此类推。下一个卷积窗口的展开内容存放在 input_matrix 的第 2 列中，并且在该列中依次存放各个通道在该窗口中的展开数据。

第 9 行：使用 for 循环遍历每个通道。在循环过程中，需要根据卷积窗口的位置和大小展开输入特征图的每一个通道，并将展开后的数据存储在输入展开矩阵的相应位置（input_matrix_ptr）上。

第 12~13 行：确定当前卷积窗口在输入展开矩阵中的存放位置。由于 Aramadillo 是采用列主序的数学库，因此当前卷积窗口的展开数据会存储在 current_col 列 channel_row 行的位置。这里的 channel_row 是由通道 ic 和每个卷积窗口内展开的元素数量相乘得到的。

我们接下来将深入探讨如何处理一个具体的卷积窗口中的数据展开。Im2Col 负责卷积窗口中数据的重新排列，并将展开后的数据存储在输入展开矩阵中，具体过程如代码清单 6-10 所示。

代码清单 6-10 处理卷积窗口中的数据展开

```
1.   for (uint32_t kw = 0; kw < kernel_w; ++kw) {
2.     // w是当前卷积窗口在输入数据中的列位置，kw表示当前位置在卷积核内部的列方向的偏移量
3.     // r是当前卷积窗口在输入数据中的行位置，kh表示当前位置在卷积核内部的行方向的偏移量
4.     const uint32_t region_w = w + kw - padding_w_;  // 计算当前列的实际位置
5.     for (uint32_t kh = 0; kh < kernel_h; ++kh) {
6.       if ((kh + r >= padding_h_ && kw + w >= padding_w_) &&
7.           (kh + r < input_h + padding_h_ && kw + w < input_w + padding_w_)) {
8.         float* region_ptr =  // 指向当前卷积窗口内元素的位置
9.             input_channel_ptr + region_w + (r + kh - padding_h_);
10.        *input_matrix_ptr = *region_ptr;
11.       }
12.     }
13.     input_matrix_ptr += 1;
```

region_ptr 指向当前卷积窗口在整个输入特征图中的位置，表示窗口内每个元素相对于输入图像的内存地址。每次遍历窗口时，region_ptr 指向当前正在处理的元素。而 input_matrix_ptr 则指向展开矩阵中当前元素应存放的位置。展开后的数据按顺序存储在矩阵的对应列中，以便将卷积操作转化为矩阵乘法。例如，我们要处理如图 6-10 所示的输入特征图的局部窗口，并将当前处理的窗口展开到输入展开矩阵中。

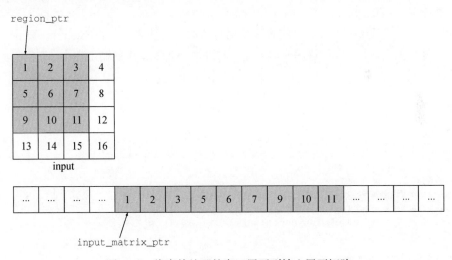

图 6-10 将当前处理的窗口展开到输入展开矩阵

在处理卷积窗口内的所有元素时，我们首先需要确定当前需要展开元素对应的内存地址 region_ptr，也就是灰色区域内的元素之一。定位 region_ptr 的方法如下：首先，将指针定位到当前输入通道中对应的列，计算方法是 input_channel_ptr + (w + kw - padding_w)，其中 w 是当前卷积窗口在输入数据中的列位置，kw 表示当前位置在卷积核内部的列方向的偏移量，padding_w 是列方向的填充值。然后，在输入通道的行方向上进行定位，计算方法是

input_channel_ptr + (w + kw - padding_w) + (r + kh - padding_h)，其中 r 是当前卷积窗口在输入数据中的行位置，kh 表示当前位置在卷积核内部的行方向的偏移量，padding_h 是行方向的填充值。通过这样的方法，我们就可以得到当前卷积窗口中正在处理的元素在内存中的地址 region_ptr。依次得到当前卷积窗口内的所有元素后，将它们按照 Im2Col 的规则展开并逐个存放到输入展开矩阵中对应的位置，也就是 input_matrix_ptr 指向的位置。

在了解了如何定位当前处理元素的位置之后，我们再来回顾一下输入展开矩阵内存位置 input_matrix_ptr 的定位方法。首先要确定当前卷积窗口展开后的数据应该放在输入展开矩阵中的哪一列，这取决于当前处理的是第几个卷积核窗口，至于应该放到输入展开矩阵的具体列中的哪个位置，如果当前处理的是第 ic 维，我们就将展开的值放到同一列中从 (ic - 1) * row_len 开始的位置。所有通道在同一个窗口下的展开依次放到同一列的不同位置，第 1 维放在从 0 * row_len 开始的位置，第 2 维放在从 1 * row_len 开始的位置，以此类推，最后一个维度在该窗口下的展开就放在从 (C - 1) * row_len 开始的位置，C 表示输入通道的总数。

6.2.5　卷积算子的计算过程

卷积算子是 Layer 的派生类，因此我们需要重写其 Forward 方法。Forward 方法的主要任务是对输入张量完成卷积计算，并将卷积结果写到输出张量中。在 Forward 方法中，我们首先需要逐个处理批次数据，并计算填充后的输入尺寸以及卷积操作的输出大小，如代码清单 6-11 所示。

代码清单 6-11　计算卷积算子的输出大小和滑动次数

```
1.   const uint32_t input_c = input->channels();
2.   const uint32_t input_padded_h = input->rows() + 2 * padding_h_;
3.   const uint32_t input_padded_w = input->cols() + 2 * padding_w_;
4.
5.   const uint32_t output_h =
6.   std::floor((int(input_padded_h) - int(kernel_h)) / stride_h_ + 1);
7.   const uint32_t output_w =
8.   std::floor((int(input_padded_w) - int(kernel_w)) / stride_w_ + 1);
9.   uint32_t col_len = output_h * output_w;
```

对核心代码实现的描述如下。

第 1~3 行：获取输入特征图的通道数 input_c，并计算填充后的输入高度 input_padded_h 和输入宽度 input_padded_w，其中 input_padded_h 是输入特征图的高度加上两倍的填充高度，input_padded_w 是输入特征图的宽度加上两倍的填充宽度。

第 5~8 行：根据填充后的高度、卷积核的高度和垂直方向的步长，计算输出高度 output_h；根据填充后的宽度、卷积核的宽度和水平方向的步长，计算输出宽度 output_w。

第 9 行：计算 col_len，它等于执行卷积操作后输出高度和输出宽度的乘积，也等于卷积窗口滑动的总次数。

确定了这些信息后，我们需要对每个卷积组进行迭代处理。代码清单 6-12 展示了对分组卷积的处理，如果是非分组卷积，groups_ 变量等于 1。

代码清单 6-12 调用 Im2Col 展开输入特征图

```
1.  uint32_t input_c_group = input_c / groups_;
2.  for (uint32_t g = 0; g < groups_; ++g) {
3.    const auto& input_matrix =
4.        // 展开一个组中的所有输入通道
5.        Im2Col(input, kernel_w, kernel_h, input->cols(), input->rows(),
6.               input_c_group, g, row_len, col_len);
7.    std::shared_ptr<Tensor<float>> output_tensor = outputs.at(i);
8.    if (output_tensor == nullptr || output_tensor->empty()) {
9.      output_tensor =
10.         std::make_shared<Tensor<float>>(kernel_count, output_h, output_w);
11.     outputs.at(i) = output_tensor;
12.  }
```

在上述代码中，g 表示当前的组号，input_c_group 表示每组卷积需要处理的通道数。在每次迭代中，我们会调用 Im2Col 方法来展开属于当前组的所有输入通道。

之所以像上面这样处理，是因为需要考虑分组卷积的情况，我们将输入特征图和卷积核分成多个组，每个组内的卷积操作是独立的。也就是说，每个卷积核只与同组的输入通道进行卷积操作，其实现如代码清单 6-13 所示。

代码清单 6-13 将展开后的输入和展开后的卷积核相乘

```
1.  for (uint32_t g = 0; g < groups_; ++g) {
2.    ...
3.    const uint32_t kernel_count_group_start = kernel_count_group * g;
4.    for (uint32_t k = 0; k < kernel_count_group; ++k) {
5.      arma::frowvec kernel;
6.      if (groups_ == 1) {
7.        // 非分组的情况
8.        kernel = kernel_matrix_arr_.at(k);
9.      } else {
10.       // 分组卷积的情况
11.       kernel = kernel_matrix_arr_.at(kernel_count_group_start + k);
12.     }
13.     ConvGemmBias(input_matrix, output_tensor, g, k, kernel_count_group,
14.                  kernel, output_w, output_h);
15.   }
16. }
```

kernel_count_group 是分组卷积中每个卷积组分到的卷积核个数，所以在 for 循环中，我们使用 kernel_count_group、k、g 等变量定位到对应的卷积核。换句话说，就是得到第 g 组

第 k 个卷积核，随后将得到的对应卷积核和输入展开矩阵 input_matrix 通过 ConvGemmBias[①]完成矩阵乘法，并将得到的结果存放到 output_tensor 张量中。值得注意的是，这里的卷积核已经在算子的实例化阶段被展开了。

6.2.6　卷积算子中的 GEMM 实现

矩阵乘法运算是通过调用 ConvGemmBias 方法来完成的，它将输入展开矩阵和展开后的卷积核矩阵相乘，从而得到最后的卷积结果。它的具体实现如代码清单 6-14 所示。

代码清单 6-14　卷积算子中的 GEMM 运算

```
1.   void ConvolutionLayer::ConvGemmBias(
2.       const arma::fmat& input_matrix, sftensor output_tensor, uint32_t group,
3.       uint32_t kernel_index, uint32_t kernel_count_group,
4.       const arma::frowvec& kernel, uint32_t output_w, uint32_t output_h) const
5.   {
6.       // 创建输出矩阵
7.       arma::fmat output(
8.           output_tensor->matrix_raw_ptr(kernel_index + group * kernel_count_group),
9.           output_h, output_w, false, true);
10.
11.      // 如果有偏置并且使用偏置，则加上偏置值
12.      if (!this->bias_.empty() && this->use_bias_) {
13.          std::shared_ptr<Tensor<float>> bias = this->bias_.at(kernel_index);
14.          if (bias != nullptr && !bias->empty()) {
15.              float bias_value = bias->index(0);
16.              output = kernel * input_matrix + bias_value;
17.          } else {
18.              LOG(FATAL) << "Bias tensor is empty or nullptr";
19.          }
20.      } else {
21.          // 如果没有偏置，直接计算卷积结果
22.          output = kernel * input_matrix;
23.      }
24.  }
```

传入 ConvGemmBias 方法的参数如下。

❑ input_matrix：展开后的输入特征图，即输入展开矩阵。

❑ output_tensor：用于存放通过矩阵乘法得到的卷积结果。

❑ group：当前在分组卷积中进行 Im2Col 的组号，如果不是分组卷积，则它恒等于 0。

❑ kernel_index：用于标识当前组内卷积核的索引。

❑ output_w 和 output_h：矩阵乘法输出结果的宽度和高度，用于定义输出矩阵的大小。

[①] ConvGemmBias 方法执行了广义矩阵乘法（General Matrix Multiply，GEMM）并可能添加了偏置，然后将结果存储在输出张量中。

在代码清单 6-14 的第 8 行中，kernel_count_group 变量表示每个组的卷积核数量，通过计算 kernel_index+group * kernel_count_group 定位到当前卷积核对应的输出通道位置。为了便于保存结果，我们用该输出通道创建了一个结果矩阵 output，用于存放卷积输出。

随后，在第 16 行中将展开后的卷积核矩阵和展开后的输入张量矩阵相乘，并将结果放到输出张量的对应位置，也就是结果矩阵 output 上，如果该卷积算子还有偏置（bias），需要将结果加上 bias 以得到最终的输出结果。

6.2.7 卷积算子的注册和实例化方法

Convolution 算子的实例化过程如代码清单 6-15 所示。在 ConvolutionLayer::Get-Instance 方法中，我们会读取来自 RuntimeOperator 计算节点的参数和权重，用于卷积算子的初始化。

代码清单 6-15　卷积算子的实例化方法（上）

```
1.  ParseParameterAttrStatus ConvolutionLayer::GetInstance(
2.      const std::shared_ptr<RuntimeOperator>& op,
3.      std::shared_ptr<Layer>& conv_layer) {
4.      // 确保传入的计算节点不为空
5.      CHECK(op != nullptr) << "Convolution operator is nullptr";
6.
7.      // 获取计算节点的参数
8.      const std::map<std::string,
9.          std::shared_ptr<RuntimeParameter>>& params = op->params;
10.
11.     // 实例化卷积算子
12.     conv_layer = std::make_shared<ConvolutionLayer>(
13.         out_channel->value, in_channel->value, kernels.at(0), kernels.at(1),
14.         paddings.at(0), paddings.at(1), strides.at(0), strides.at(1),
15.         groups->value, use_bias->value);
16. }
```

在上述代码中，我们首先获取初始化算子所需的一组参数，包括卷积核大小、步长以及填充的大小等信息。参数的获取途径相对固定，主要是从 params 参数集合中根据参数名称提取具体的参数值。一旦获取所有必要的参数，我们便可以凭借这些参数来实例化一个卷积算子（见第 12 行）。但是，我们还没有对卷积算子相关的权重进行加载，所以需要获取存放在对应计算节点 RuntimeOperator 中的权重数据，并将其赋值给新实例化的算子。对于卷积算子，权重数据包括卷积核的权重和卷积核的偏置。具体实现如代码清单 6-16 所示。

代码清单 6-16　卷积算子的实例化方法（下）

```
1.  const std::map<std::string, std::shared_ptr<RuntimeAttribute>>& attrs =
2.      op->attribute;
3.
4.  // 获取 bias 属性并检查其形状
```

```
5.   const auto& bias = attrs.at("bias");
6.   const std::vector<int>& bias_shape = bias->shape;
7.   if (bias_shape.empty() || bias_shape.at(0) != out_channel->value) {
8.       LOG(ERROR) << "The attribute of bias shape is wrong";
9.       return ParseParameterAttrStatus::kAttrMissingBias;
10.
11.  // 获取 bias 偏置值并将其应用到卷积层
12.  const std::vector<float>& bias_values = bias->get<float>();
13.  conv_layer->set_bias(bias_values);
14.
15.  // 获取 weight 属性并检查其形状
16.  const auto& weight = attrs.at("weight");
17.  const std::vector<int>& weight_shape = weight->shape;
18.  if (weight_shape.empty()) {
19.      LOG(ERROR) << "The attribute of weight shape is wrong";
20.      return ParseParameterAttrStatus::kAttrMissingWeight;
21.
22.  // 获取 weight 值并将其应用到卷积层
23.  const std::vector<float>& weight_values = weight->get<float>();
24.  conv_layer->set_weights(weight_values);
25.
26.  // 确保 conv_layer 正确转换为 ConvolutionLayer 并初始化权重
27.  auto conv_layer_derived =
28.      std::dynamic_pointer_cast<ConvolutionLayer>(conv_layer);
29.  CHECK(conv_layer_derived != nullptr);
30.  conv_layer_derived->InitIm2ColWeight();
31.
32.  return ParseParameterAttrStatus::kParameterAttrParseSuccess;
33.  }
34.  LayerRegistererWrapper kConvGetInstance("nn.Conv2d",
35.      ConvolutionLayer::GetInstance);
```

对核心代码实现的描述如下。

❑ 获取权重数据。

第 1~2 行：从 op->attribute 中获取 attrs，它是与卷积操作相关的所有权重的键-值对。

第 4~13 行：尝试从 attrs 中获取名为 bias（偏置）的权重。如果获取了该权重，则检查其形状是否符合预期。如果不符合，则记录错误并返回缺少偏置权重的状态。如果偏置权重存在且形状正确，就从中获取偏置的具体数据并调用 conv_layer->set_bias() 方法将其设置到卷积层中。

❑ 设置卷积权重。

第 15~20 行：从 attrs 中获取 weight（卷积核权重）。若存在，则获取卷积核权重值并赋值给 conv_layer。

❑ 展开卷积核权重。

第 26~30 行：将 conv_layer 转换为 ConvolutionLayer 类型，接着调用 InitIm2-ColWeight 方法对卷积核权重进行展开操作。在实例化时展开卷积核的权重，是为了在之后的 Forward 方法中更快地完成其与输入展开特征图的矩阵乘法，从而得到卷积输出结果。

❑ 注册实例化函数。

第 34~35 行：将卷积算子的实例化函数 ConvolutionLayer::GetInstance 注册到算子全局注册器 LayerRegistererWrapper 中，以便深度学习推理框架可以根据算子类型自动创建卷积算子实例。

6.3 单元测试

6.3.1 池化算子的相关测试

我们首先验证池化算子是否已经成功注册到算子注册器中。若注册成功，则测试通过。在代码清单 6-17 中，我们首先构造了初始化算子所必需的一部分参数，并将这些参数存放在 op->params 中。接着，我们调用算子注册器中的池化算子实例化方法 CreateLayer，将 op 作为参数传递进去。CreateLayer 方法会根据 op 中记录的算子类型查找相应的池化算子初始化方法，并使用 op 中的参数来初始化对应的池化算子，然后返回相应的 layer 指针。如果返回的 layer 指针不为空，表明池化算子的初始化方法已经成功注册到算子注册器中。

代码清单 6-17　获取一个池化算子实例

```
1.  TEST(test_registry, create_layer_poolingforward) {
2.      std::shared_ptr<RuntimeOperator> op = std::make_shared<RuntimeOperator>();
3.      op->type = "nn.MaxPool2d";
4.
5.      std::vector<int> strides{2, 2}; // 构造算子的滑动步长参数
6.      std::shared_ptr<RuntimeParameter> stride_param =
7.          std::make_shared<RuntimeParameterIntArray>(strides);
8.      op->params.insert({"stride", stride_param});
9.
10.     std::vector<int> kernel{2, 2}; // 构造算子的池化窗口参数
11.     std::shared_ptr<RuntimeParameter> kernel_param =
12.         std::make_shared<RuntimeParameterIntArray>(kernel);
13.     op->params.insert({"kernel_size", kernel_param});
14.
15.     std::vector<int> paddings{0, 0}; // 构造算子的边界填充参数
16.     std::shared_ptr<RuntimeParameter> padding_param =
17.         std::make_shared<RuntimeParameterIntArray>(paddings);
18.     op->params.insert({"padding", padding_param});
19.
```

```
20.        std::shared_ptr<Layer> layer;
21.        layer = LayerRegisterer::CreateLayer(op);
22.        ASSERT_NE(layer, nullptr);
23. }
```

具体来说，在以上代码中，我们将计算节点 RuntimeOperator 的类型设置为最大池化，并开始设置参数，首先将池化窗口大小设置为 2×2，将填充大小设置为 0，并将滑动步长设置为 2。设置完毕后，我们就可以使用 CreateLayer 方法传递这些参数，并返回相应的池化算子，测试是否能成功创建并返回一个非空的池化算子实例。

在确定池化算子已成功注册到算子注册器中后，我们测试池化算子的功能，如代码清单 6-18 所示。我们先初始化一个大小为 4×4 的输入张量，同时初始化一个大小为 2×2 的池化窗口，并将它的步长设置为 2，所以该池化窗口每滑动一次就滑动 2 个单位。对于测试用例中特定的输入，池化算子先在输入张量的第一个池化窗口中求得最大值 3，随后将池化窗口滑动 2 个单位到下一个 2×2 的窗口中，并获取其中的最大值 5，再继续滑动，依次获得相应窗口中的最大值 5 和 7。

代码清单 6-18　测试池化算子的功能

```
1.  TEST(test_registry, create_layer_poolingforward_1) {
2.      ...
3.      ...
4.      std::shared_ptr<Layer> layer;
5.      layer = LayerRegisterer::CreateLayer(op);
6.      ASSERT_NE(layer, nullptr);
7.
8.      sftensor tensor = std::make_shared<ftensor>(1, 4, 4);
9.      arma::fmat input = arma::fmat("1,2,3,4;"
10.                                    "2,3,4,5;"
11.                                    "3,4,5,6;"
12.                                    "4,5,6,7");
13.      tensor->data().slice(0) = input;
14.      std::vector<sftensor> inputs(1);
15.      inputs.at(0) = tensor;
16.      std::vector<sftensor> outputs(1);
17.      layer->Forward(inputs, outputs);
18.
19.      ASSERT_EQ(outputs.size(), 1);
20.      outputs.front()->Show();
21. }
```

我们在 layer->Forward(inputs, outputs) 中使用初始化后的池化算子对特定的输入值进行推理并得到相关结果，如下所示。可以看出，该结果与我们之前通过逻辑推导得到的结果一致。

```
I20230721 14:05:09.855405  3224 tensor.cpp:201]
  3.0000    5.0000
  5.0000    7.0000
```

6.3.2 卷积算子的相关测试

本单元测试（见代码清单 6-19）所针对的是图 6-7 所示的卷积计算，它展示了一个具有多个输入通道以及多个输出通道的卷积算子。在这个卷积算子中，每个卷积核的两个通道分别与输入特征图的两个通道进行窗口卷积运算，结果分别存入两个输出通道。从图中可以看到，通道 1 的第 1 个卷积输出为 220，这个值是由每个卷积核的两个通道与输入张量两个通道中对应位置窗口的值进行卷积运算并相加的结果。从单元测试的结果可以看出，我们手工计算的结果和卷积算子的计算输出结果相同。

代码清单 6-19　卷积结果的验证

```
1.  TEST(test_registry, create_layer_convforward) {
2.    const uint32_t batch_size = 1;
3.    std::vector<sftensor> inputs(batch_size);
4.    std::vector<sftensor> outputs(batch_size);
5.
6.    const uint32_t in_channel = 2;
7.    for (uint32_t i = 0; i < batch_size; ++i) {
8.      sftensor input = std::make_shared<ftensor>(in_channel, 4, 4);
9.      input->data().slice(0) = "1,2,3,4;"
10.                              "5,6,7,8;"
11.                              "9,10,11,12;"
12.                              "13,14,15,16;";
13.
14.     input->data().slice(1) = "1,2,3,4;"
15.                              "5,6,7,8;"
16.                              "9,10,11,12;"
17.                              "13,14,15,16;";
18.     inputs.at(i) = input;
19.   }
20.   const uint32_t kernel_h = 3;
21.   const uint32_t kernel_w = 3;
22.   const uint32_t stride_h = 1;
23.   const uint32_t stride_w = 1;
24.   const uint32_t kernel_count = 2;
25.   std::vector<sftensor> weights;
26.   for (uint32_t i = 0; i < kernel_count; ++i) {
27.     sftensor kernel = std::make_shared<ftensor>(in_channel, kernel_h, kernel_w);
28.     kernel->data().slice(0) = arma::fmat("1,2,3;"
29.                                          "3,2,1;"
30.                                          "1,2,3;");
31.     kernel->data().slice(1) = arma::fmat("1,2,3;"
32.                                          "3,2,1;"
33.                                          "1,2,3;");
34.     weights.push_back(kernel);
35.   }
36.   ConvolutionLayer conv_layer(kernel_count, in_channel, kernel_h, kernel_w, 0, 0,
37.                               stride_h, stride_w, 1, false);
38.   conv_layer.set_weights(weights);
```

```
39.   conv_layer.Forward(inputs, outputs);
40.   outputs.at(0)->Show();
41. }
```

对核心代码实现的描述如下。

❑ 初始化输入数据。

第 9~18 行：初始化具有两个输入通道的输入特征图 inputs。每个通道的特征图数据被设置为 4×4 的矩阵，两个通道的数据完全相同。

❑ 初始化卷积核。

第 20~35 行：创建两个卷积核，并将它们添加到 weights 向量中。每个卷积核具有与输入通道数相匹配的通道数，卷积核大小为 3×3。每个卷积核的权重数据按照图 6-7 中的卷积核值进行设置。

❑ 设置卷积层权重并执行卷积计算。

第 36~39 行：创建 ConvolutionLayer 实例，设置卷积核的数量、输入通道数、卷积核的高度和宽度、步长等参数。随后通过 set_weights 方法将之前创建的卷积核赋给 conv_layer。接着，调用 Forward 方法对 inputs 进行卷积计算，将结果存储在 outputs 中。

❑ 显示输出结果。

第 40 行：调用 outputs.at(0)->Show() 显示卷积计算后的结果。

以上步骤涵盖了输入数据的初始化、卷积核的设置、卷积计算的执行以及结果的显示。这些步骤确保了卷积算子的正确实现。

6.4　小结

本章深入探讨了深度神经网络中的两种核心算子，即池化算子和卷积算子的实现。

我们先介绍了池化算子的概念及其作用，随后通过多个具体实例演示了池化窗口如何在单通道和多通道的输入特征图上滑动，并对一个窗口内的所有元素执行聚合，从而完成池化操作。

卷积算子是深度神经网络中用于特征提取的核心算子，本章以二维卷积为例进行讲解。我们先介绍了卷积计算的一般形式，包括单个卷积核和多个卷积核参与运算的两种情况，然后介绍了一种优化卷积计算的方法——Im2Col 方法协同矩阵乘法。Im2Col 方法将输入特征图按卷积窗口依次展开，转换成矩阵形式，随后用矩阵乘法的高度优化特性来加速计算，提高卷积神经网络的推理效率。

　　同时，我们还介绍了池化算子和卷积算子的实例化方法。这两个算子的实例化方法均是先从计算节点中读取实例化所需的全部参数，然后进行算子的实例化。对于卷积算子而言，还需要为其赋加权重值，并对卷积核权重进行展开操作。

6.5　练习

　　(1) 尝试优化卷积算子的实现，尤其是在卷积核大小为 1×1 和 3×3 等的特殊情况下。

　　(2) 本章介绍了最大池化算子的实现，尝试实现平均池化算子，它们的区别仅仅在于规约函数不同。

第7章
==================

表达式算子的实现

在自制推理框架中，我们使用表达式算子完成来自多个输入节点的数值或逻辑计算过程，再将计算的结果写回下一个节点。在处理输入的过程中，我们首先需要将表达式对应的计算过程生成为抽象语法树[①]，随后用抽象语法树构建出一个可执行的操作序列。当推理框架执行操作序列时，我们先将具体的输入值赋值给该操作序列中的各个操作数节点，再按照既定顺序执行这些节点，就可以得到最终的计算结果。

7.1 表达式和表达式算子的定义

表达式是由多个运算符和操作数根据一定的优先级规则组合而成的计算过程，例如 ResNet 残差结构中的加法运算过程就是一个表达式。我们通常将包含一个表达式的算子称作表达式算子。表达式算子的设计涉及语法分析、语义分析等方面，该算子会将其中的表达式转换为推理框架能够理解和执行的计算序列。

表达式和表达式算子在深度学习推理框架中是非常重要的，它们极大地简化了模型的构建过程，并提高了模型的可读性和可维护性。我们可以通过优化表达式的解析和执行过程，进一步提高推理框架的性能。

一个比较简单的表达式的示例如代码清单 7-1 所示。该表达式表示一个二元计算的过程，其中的 @0 和 @1 是与同一个计算节点相关联的两个输入操作数，它们属于第 3 章中介绍的 Runtime-Operand 结构。

代码清单 7-1　二元计算表达式示例

```
add(@0, @1)
```

现实中存在更为复杂的情况，如代码清单 7-2 中的表达式就需要推理框架具有强大而可靠的表达式解析和语法二叉树构建功能。我们将在下文中介绍语法二叉树的相关知识。

代码清单 7-2　一个复杂的表达式示例

```
add(add(mul(@0, @1), mul(@2, add(add(add(@0, @2), @3), @4))), @5);
```

---

① 在本章中，二叉树是抽象语法树的一种具体表现形式，所以我们在下文中也将抽象语法树叫作语法二叉树。

7.2 词法分析

7.2.1 词法分析的定义

词法分析（lexical analysis）是对表达式进行分析的第一个阶段，目的是将表达式语句转换为一个个有意义的词法单元（token），为后续表达式层的语法分析和语义分析提供基础。在词法分析的过程中，词法分析器会跳过空格、换行符等无意义的字符。例如，对表达式 add(@0, mul(@1,@2)) 进行词法分析，得到其中所有的词法单元，如表 7-1 所示。

表 7-1　表达式的词法单元

词法单元	类　　型	功能描述
add	加法运算符	表示加法操作
(	左括号	开始一个子表达式
@0	输入操作数标识符	表示操作数的标识符
,	逗号	分隔表达式中的不同部分
mul	乘法运算符	表示乘法操作
(	左括号	开始一个子表达式
@1	输入操作数标识符	表示操作数的标识符
,	逗号	分隔表达式中的不同部分
@2	输入操作数标识符	表示操作数的标识符
)	右括号	结束一个子表达式
)	右括号	结束一个子表达式

我们为此定义了一个枚举类 TokenType，用于表示不同类别的词法单元，如代码清单 7-3 所示，其中包括输入操作数、分隔符（如逗号和括号等）以及运算符（如加法运算符和乘法运算符等）。

代码清单 7-3　枚举类 TokenType 的定义

```
1.  enum class TokenType {
2.      TokenUnknown = -9,
3.      TokenInputNumber = -8,      // 以@开头的输入操作数，如@0
4.      TokenComma = -7,            // 逗号
5.      TokenAdd = -6,              // 加法运算符
6.      TokenMul = -5,              // 乘法运算符
7.      TokenLeftBracket = -4,      // 左括号
8.      TokenRightBracket = -3,     // 右括号
9.  };
```

在后续出现的表达式中，每个词法单元的类型必须与代码清单 7-3 中定义的 TokenType 对应。因此，我们也可以将 TokenType 看作一个词法表。

在定义了词法单元的类型 TokenType 之后，还需要定义 Token 类中的其他变量。如代码清单 7-4 所示，Token 类中还记录了当前词法单元在整个输入表达式中的起始位置（start_pos）和结束位置（end_pos）。

代码清单 7-4　词法单元 Token 类的定义

```
1.   struct Token {
2.       TokenType token_type = TokenType::TokenUnknown;
3.       int32_t start_pos = 0;   // 在表达式中的起始位置
4.       int32_t end_pos = 0;     // 在表达式中的结束位置
5.
6.       Token(TokenType token_type, int32_t start_pos, int32_t end_pos)
7.           : token_type(token_type), start_pos(start_pos), end_pos(end_pos) {}
8.   };
```

以表达式 add(@0,mul(@1,@2)) 为例进行说明，其中的 add 作为一个词法单元，在整个表达式中的起始位置为 0，结束位置为 3。紧接着是左括号（left bracket），作为另一个词法单元，它在表达式中的起始位置为 3，结束位置为 4。这样的定义使得我们能够准确地识别和处理表达式中的每一个词法单元，为后续的语法分析和表达式求值提供基础。

▶ 完整的实现代码请参考 course7_expression/include/parser/parse_expression.hpp。

7.2.2　词法分析的过程

在深入探讨之前，我们先介绍一下词法分析的几个关键步骤。

(1) 判断输入的表达式是否为空。如果输入的表达式为空字符串（包括制表符、换行符、空格等），词法分析方法会返回一个输入为空的错误提示。

(2) 移除输入表达式中所有的空格、换行符、制表符等空白符号。以 add(@ 0,　@1) 为例，在经过这一步骤之后，表达式中所有的空格都被删除，阶段性的输出结果为 add(@0,@1)。

(3) 定义一个 pos 变量且将其初始值设为 0，用于指向表达式的起始位置。随后在一个 for 循环中遍历表达式中的每一个字符。

❑ 如果 pos 指向的字符的值为 a，根据代码清单 7-3 中词法表的规定，以 a 开头的词法单元只有 add，此时我们需要判断 pos + 1 和 pos + 2 是否超出了表达式的长度，还需要判断这两个位置的值是否均为 d。如果不是，返回一个错误并交由上层调用者处理；如果是，此处识别出的词法单元便是 add，接着创建 TokenAdd 类型的词法单元对象，并设置它在整个表达式中的起始位置和结束位置。初始化完成后，我们将这个词法单元存放于对应的数组中。

❑ 如果 pos 指向的字符的值为 m，根据词法表的规定，以 m 开头的词法单元只有 mul，所以我们需要判断 pos + 1 和 pos + 2 指向位置的值是否为 u 和 l。如果是，我们就初始化一个词法单元，其类型为 `TokenMul`，并将 pos 和 pos + 3 的值分别作为它在整个表达式中的起始位置和结束位置存放在该词法单元实例中。随后，同样要将这个词法单元存放于对应的数组中。

- 如果 `pos` 指向的字符的值是 @，我们需要读取 @ 后面的所有数字，它对应词法表中以 @ 开头的输入操作数。例如对于 @31231，我们需要循环读取 @ 符号之后的数字，直到读到非数字字符为止，随后我们得到一个 `TokenInputNumber` 类型的词法单元，并将它存放于对应的词法单元数组中。值得注意的是，此时的起始位置指向 @ 在表达式中的位置，结束位置指向最后一位数字的后一个位置。

- 如果 pos 指向的字符的值是逗号（,），我们就初始化一个类型为 `TokenComma` 的词法单元，并记录该词法单元在表达式中的起始位置为 pos，结束位置为 pos + 1。

(4)将步骤(3)中新创建的几类词法单元放到词法数组中，作为该阶段的结果进行保存。

下面我们看看代码清单 7-5 中该方法对加法运算符的处理分支。

代码清单 7-5　词法分析过程：处理加法运算符

```
1.  char c = statement_.at(i);
2.  if (c == 'a') {
3.      CHECK(i + 1 < statement_.size() && statement_.at(i + 1) == 'd')
4.          << "Parse add token failed, illegal character: " << statement_.at(i + 1);
5.      CHECK(i + 2 < statement_.size() && statement_.at(i + 2) == 'd')
6.          << "Parse add token failed, illegal character: " << statement_.at(i + 2);
7.      Token token(TokenType::TokenAdd, i, i + 3);
8.      tokens_.push_back(token);
9.      std::string token_operation =
10.         std::string(statement_.begin() + i, statement_.begin() + i + 3);
11.     token_strs_.push_back(token_operation);
12.     i = i + 3;
13. }
```

字符变量 c 表示循环中当前处理的字符（变量 i 为当前字符变量的索引）。如果当前字符为 a，则需要判断它之后的两个字符是否均为 d（第 3~6 行）。若是，则表明表达式在当前位置出现了类型为 `TokenAdd` 的词法单元，因此需要在第 7 行中初始化一个新的加法词法单元，并在其中保存该词法单元在表达式中的起始位置 i 和结束位置 i + 3。处理结束后，我们还需要将当前处理字符的位置往后移动 3 个位置，表示跳过当前词法单元的处理，详见第 12 行。

▶ 完整的实现代码请参考 course7_expression/source/parser/parse_expression.cpp。

7.3　语法分析

7.3.1　语法二叉树结构

语法分析是词法分析之后的一个步骤，它依据语言的语法规则，将先前识别出的词法单元组合起来，形成一个结构化的表示形式。为了更好地组织和管理单个表达式中的多个词法单元，我们通常会采用二叉树结构。后文中我们会基于词法单元数组进行语法分析，因此我们将此处的二叉树称为语法二叉树。语法二叉树是一种基本的树形数据结构，其特点在于每一个节点有至多两个子节点，分别被称为左子节点和右子节点。当一个节点没有子节点时，它就被称为叶子节点。除此之外，在任意一个节点中，还可以保存一些额外的信息，如当前节点表示的 `TokenType`。表达式中运算符和操作数的层次与结构关系主要通过语法二叉树中节点间的关系来体现。

正如 7.2 节所述，每个词法单元都可以表示表达式中的运算符（如加法运算符、乘法运算符等）、操作数或者分隔符（如逗号、括号等）。然而，有一点需要注意，逗号、括号等表示分隔的词法单元不能作为语法二叉树中的一个节点。

我们先来看一下代码清单 7-6 中定义的语法二叉树的节点，`TokenNode` 结构体定义了一个树节点，用于表示表达式中的一个元素（运算符或操作数）。

代码清单 7-6　语法二叉树的 TokenNode 结构体

```
1.   struct TokenNode {
2.       int32_t num_index = -1;
3.       std::shared_ptr<TokenNode> left = nullptr;    // 语法二叉树的左节点
4.       std::shared_ptr<TokenNode> right = nullptr;   // 语法二叉树的右节点
5.
6.       TokenNode(int32_t num_index, std::shared_ptr<TokenNode> left,
7.               std::shared_ptr<TokenNode> right);
8.       TokenNode() = default;
9.   };
```

语法二叉树的每个节点 `TokenNode` 都存储了运算符或输入操作数，它的 `left` 指针指向当前节点的左子节点，`right` 指针指向当前节点的右子节点，`num_index` 表示词法单元的类型或索引。如果 `num_index = 1`，表示当前节点代表表达式中的第一个操作数；如果 `num_index = 2`，表示当前节点代表表达式中的第二个操作数；如果 `num_index` 为负数，则表示当前节点是一个运算符，如加法运算符或乘法运算符等，其值是代码清单 7-3 中定义的运算符类型的负值。

7.3.2　递归的条件

在本节中，我们将介绍如何用递归的方法对每个词法单元进行分析，并按照逻辑和优先级关系将它们插入语法二叉树中。递归有以下两个基本限制条件。

- ❏ 对于一个问题，可以用分治的思路去解决，每次递归调用处理的问题相同，但是数据的规模不同，并且会随着调用逐级减少。
- ❏ 递归程序必须有一个终止计算的条件或准则。

我们先来分析一下递归构建语法二叉树是否满足递归的两大限制条件。我们用一个整型变量 pos 指向当前处理的词法单元，pos + 1 指向我们需要处理的下一个词法单元。随着处理完的词法单元越来越多，当 pos 等于词法单元数组的长度时（即处理完所有的词法单元），这个递归的过程就结束了。这一情况符合递归的第二个限制条件。

另外，我们采用递归调用的方法来构建语法二叉树，每次递归调用方法中构建语法二叉树的方法都是相同的。如果当前词法单元代表一个输入操作数，那么将直接返回该节点；若当前节点属于 add、mul 等类型的运算符，则会继续递归调用，以构建该计算节点的子节点。这一情况符合递归的第一个限制条件。

遍历词法单元数组时，可以将词法单元分为以下 3 种类型。

- 非叶子节点：如加法运算符、乘法运算符等需要两个操作数的运算符。
- 叶子节点：主要表示输入操作数，如 @0、@1 等。
- 分隔符：如括号和逗号等。括号必须成对出现，逗号则用于分隔两个词法单元，然而它们自身并不会作为节点存储于语法二叉树之中，而是通过改变树的结构来影响运算符之间的嵌套关系和优先级。例如，由于表达式 add(@0,@1 中缺少相应的右括号与左括号配对，因此在构建过程中会触发语法错误。根据正确的表达式 add(@0, @1) 构建的语法二叉树将包含一个根节点，该根节点代表 add 操作。根节点的左子节点表示操作数 @0，右子节点表示操作数 @1。括号作为分隔符的主要作用是调整运算符的优先级。

7.3.3 递归向下构建语法二叉树

递归向下构建语法二叉树的具体步骤如下。

(1) 从词法单元数组中的第一个词法单元开始遍历，表示当前位置的 pos 等于 0，指向数组单元的起始位置。该词法单元如果是 add 或 mul 等运算符，表明它有两个输入操作数作为子节点，因此我们需要对它进行递归遍历。

(2) 在步骤(1)中遇到的词法单元是 add，此时，我们需要判断下一个位置所指向的词法单元是否为分隔符（左括号），如果不是，则会报错。

(3) 如果是左括号，我们就将 pos 加 1 并指向下一个位置，开始下一级的递归构建。以表达式 add(@0,@1) 为例，此时指向 @0，如图 7-1 所示，程序会构建一个 TokenNode 并返回，该 TokenNode 将作为上一级节点 add 的左子节点。在返回的 TokenNode 中，会记录输入操作数的编号。

如果当前节点仍然是一个非叶子节点，我们还需要继续向下进行遍历而不能直接返回。比如对于表达式 add(mul(@0,@1),@2)，pos 等于 2 时指向的是一个乘法运算符（mul）节点。在这种情况下，我们不能直接返回，而是继续进行递归。下一级递归的处理方式与上一级递归处理加法运算符（add）节点的方式保持一致。图 7-2 是遍历到 mul 节点时返回的 TokenNode 示意图，此处 mul 类型的 TokenNode 随后作为上一级 add 节点的左子节点。

在构建完左子节点（分为叶子节点和非叶子节点）后，表达式 add(mul(@0,@1),@2) 中 pos 指向的位置是在 @1 之后的逗号，我们需要判断这个逗号是否存在，只有确定其存在，当前表达式的语法才是正确的，才能继续构建加法根节点的右子节点。

我们简要总结一下步骤(1)~步骤(3)的内容：在构建左子节点时，如果遇到运算符节点则继续递归，向下完成构建；如果遇到操作数节点，则在构建语法二叉树节点后直接返回。

(4) 随后 pos 指向@2 的位置并开始构建右子节点。构建右子节点的方法与构建左子节点时相同，处理的节点也可以分为两种：一种是类似 add、mul 节点的非叶子节点，需要再次进行递归遍历；另一种是输入操作数这类叶子节点，构建完成后直接返回到上一级，并作为上一级的右子节点，也就是表达式 add(mul(@0,@1),@2) 的情况，最后的结果如图 7-3 所示。

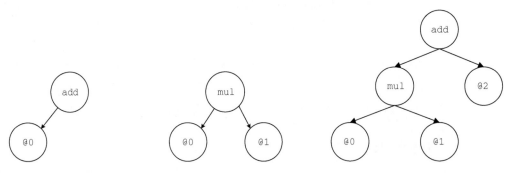

图 7-1　构建 add 的左子节点　　图 7-2　遍历至 mul 节点的结果　　图 7-3　最终结果

7.3.4　对语法二叉树进行转换

为什么要对递归遍历得到的语法二叉树进行转换？因为直接在语法二叉树上求值存在递归访问的问题。另外，转换后得到的表达式能够消除算术表达式中对括号和运算符优先级的需要，可以更明确地表示计算过程。尤其是使用逆波兰表达式时，我们可以直接将操作映射为一组对栈的操作，这使得实现表达式的求解更加容易。

以图 7-3 所示的语法二叉树为例，它由表达式 add(mul(@0,@1),@2) 构建得到。

为了使计算过程更加高效和直观，常用的语法二叉树转换方法是后序遍历或中序遍历。那么，为什么不能用前序遍历得到表达式呢？前序遍历一棵语法二叉树时，首先会处理当前语法二叉树（或者子树）的根节点。接下来，递归地对根节点的左子节点执行前序遍历。最后，递归地对根节点的右子节点执行前序遍历。如果是以前序遍历的方式访问图 7-3 所示的语法二叉树，首先会遍历根节点 add，随后递归访问 add 的左子节点 mul，再访问 mul 的左子节点@0，然后访问 mul

的右子节点@1，最后回到 add 节点的右子节点@2，从而完成前序遍历访问。这样得到的转换后的表达式为 add mul @0 @1 @2。然而，当我们用该转换后的表达式进行计算时，一旦遇到 add 节点，就会发现缺少后续计算所需要的操作数@0 和@1。因此，我们一般使用后序遍历或中序遍历，这样在访问运算符节点时，其各个子节点已被处理并计算完毕。

7.3.5 逆波兰表达式

1. 什么是逆波兰表达式

逆波兰表达式是一种数学表达式的表示方式，在这种表达式中，每个运算符位于其所有操作数之后。相比于传统的中缀式（运算符在操作数中间的表达式），逆波兰表达式的一个显著优点是它消除了表达式对括号的需求，从而简化了运算过程。例如，中缀式"3 + 4"的逆波兰表达式为"3 4 +"，这里加法运算符放置在两个操作数的后面，在处理时可以先获取两个操作数，然后对它们执行加法操作。再看一个稍微复杂的例子，将中缀式"3 - 4 + 5"转换为逆波兰表达式，得到"3 4 - 5 +"。对该式进行计算时，首先获取两个操作数 3 和 4，然后将它们相减，再获取操作数 5，最后将操作数 5 与上一步中的相减结果相加，得到最终结果。

具体来说，逆波兰表达式具有以下优点。

❑ 无需括号：逆波兰表达式不需要括号来指示运算的顺序或优先级，运算的顺序由运算符和操作数的排列顺序决定。

❑ 直接计算：使用栈数据结构可以直接且高效地计算逆波兰表达式。每遇到一个操作数，就将其压入栈中；每遇到一个运算符，就从栈中弹出所需数量的操作数进行运算，然后将结果压回栈中。

2. 如何得到逆波兰表达式

将输入表达式转换为逆波兰表达式的过程如下。

(1) 接收一个表达式字符串，例如 add(mul(@0,@1),@2)。

(2) 对该表达式字符串进行词法分析，将其分解为多个词法单元，组成 tokens 数组。在这一过程中，必须执行词法校验，确保每个词法单元都符合词法规则的定义。

(3) 递归向下遍历 tokens 数组，进行语法分析，从而构建出相应的语法二叉树。

(4) 对构建好的语法二叉树执行后序遍历，遍历的结果即为对应的逆波兰表达式。

以上步骤通常被封装在一个解析器类中，以便于算子在执行时对表达式进行处理和转换。

7.4 表达式算子的实现过程

在解析器类 ExpressionParser 中，Tokenizer 方法负责执行词法分析，即对整个表达式字符串进行词法分析，并将它分解成一系列的词法单元，Generate 方法通过递归向下遍历的方式，对词法单元进行语法分析并据此构建出相应的语法二叉树。完成语法二叉树的构建之后，Generate 方法再通过后序遍历将其转换为逆波兰表达式。

▶ 解析器类 ExpressionParser 的完整代码请参考 course7_expression/include/parser/parse_expression.hpp。

我们准备了一个名为 simple_ops.pnnx.param 的模型（模型文件位于 course7_expression/model_file 中）来分析其中的结构。该模型内部包含一个表达式算子，其可视化展现如图 7-4 所示。

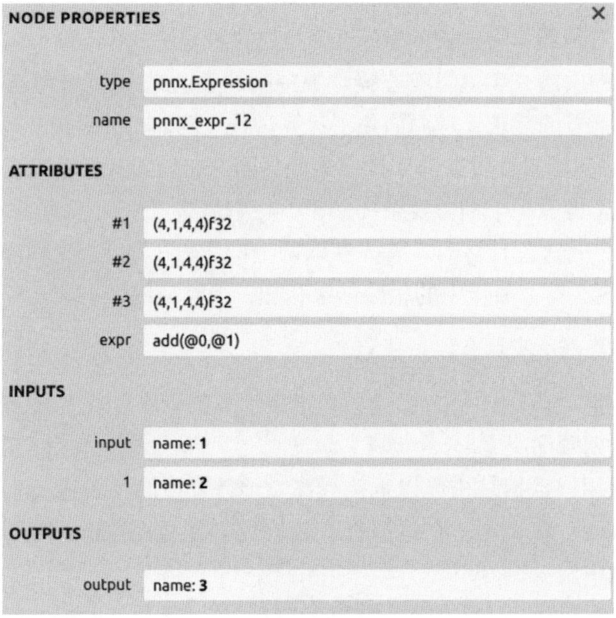

图 7-4　含有表达式算子的模型

7.4.1　实例化

从图 7-4 中可以看出，表达式被保存在表达式算子 pnnx.Expression 的参数 expr 中。在实例化表达式算子时，我们需要从参数中提取相应的字符串表达式，这一过程在表达式算子的实例化方法中得到了体现，如代码清单 7-7 所示。

代码清单 7-7　表达式算子的实例化方法 GetInstance

```
1.  ParseParameterAttrStatus ExpressionLayer::GetInstance(
2.      const std::shared_ptr<RuntimeOperator>& op,
3.      std::shared_ptr<Layer>& expression_layer) {
4.      CHECK(op != nullptr) << "Expression operator is nullptr";
5.      const auto& params = op->params;
6.      if (params.find("expr") == params.end()) {
```

```
7.              return ParseParameterAttrStatus::kParameterMissingExpr;
8.          }
9.      auto statement_param = std::dynamic_pointer_cast<RuntimeParameterString>(
10.         params.at("expr"));
11.     expression_layer = std::make_shared<ExpressionLayer>(statement_param->value);
12.     return ParseParameterAttrStatus::kParameterAttrParseSuccess;
13. }
```

对核心代码实现的描述如下。

第 5 行：算子的实例化方法 `GetInstance` 获取与当前计算节点 `RuntimeOperator` 相关的所有参数 `params`。

第 9~10 行：在参数中找到相应的表达式字符串。如图 7-4 所示，目标参数 `expr` 是字符串类型，所以我们需要在所有参数中找到名为 `expr` 的参数，将它转换成 `RuntimeParameterString` 类的实例 `statement_param`，以便从中提取所需的表达式值。

第 11 行：使用表达式的值 `statement_param->value` 来实例化表达式算子，并将它作为表达式算子 `expression_layer` 的类内变量进行存储。

第 12 行：`ParseParameterAttrStatus` 是一个枚举类，表示算子实例化方法中创建算子的状态，用于返回成功创建算子的信息或者创建失败的错误码。

7.4.2 类定义

表达式算子的类定义如代码清单 7-8 所示。

代码清单 7-8 表达式算子的类定义

```
1.  class ExpressionLayer : public NonParamLayer {
2.  public:
3.      explicit ExpressionLayer(std::string statement)
4.          : statement_(std::move(statement)) {}
5.
6.      InferStatus Forward(
7.          const std::vector<std::shared_ptr<Tensor<float>>>& inputs,
8.          std::vector<std::shared_ptr<Tensor<float>>>& outputs) override;
9.
10.     static ParseParameterAttrStatus GetInstance(
11.         const std::shared_ptr<RuntimeOperator>& op,
12.         std::shared_ptr<Layer>& expression_layer);
13.
14. private:
15.     std::string statement_;
16.     std::unique_ptr<ExpressionParser> parser_;
17. };
```

在 `ExpressionLayer` 类的定义中，我们看到了一个熟悉的方法——`Forward`。在该方法中，我们定义了各个算子类的具体计算过程。同时，该类中还包含一个字符串变量 statement_，这个变量是在算子实例化时，通过 GetInstance 方法从传入参数的计算节点中提取出来的，用以存储表达式字符串。

此外，我们在前文中提及了 ExpressionParser 类的作用，类内变量 parser_ 就是它的一个实例，负责按照既定词法规则解析 statement_ 字符串，生成相应的词法单元，并进一步构建出语法二叉树。

7.4.3　注册

在完成表达式算子的计算和实例化后，我们需要将该算子注册到推理框架中，以方便推理框架在后续的流程中获取该算子，如代码清单 7-9 所示。

代码清单 7-9　表达式算子的注册

```
1.  LayerRegistererWrapper kExpressionGetInstance(
2.      "pnnx.Expression", ExpressionLayer::GetInstance);
```

正如前文所述，GetInstance 方法会在实例化阶段从计算节点中提取所有参数，尤其是表达式字符串，并利用这些参数实例化一个表达式算子。

7.4.4　对 Forward 方法的重写

我们先来了解一下如何结合逆波兰表达式和一组输入操作数来完成对应的计算过程。假设表达式字符串为 add(@0,mul(@1,@2))，它对应的逆波兰表达式为 @0 @1 @2 mul add。为了计算该表达式的结果，我们需要重写该算子类的 Forward 方法，如代码清单 7-10 所示。

代码清单 7-10　算子类的 Forward 方法

```
1.  StatusCode Forward(
2.      const std::vector<std::shared_ptr<Tensor<float>>>& inputs,
3.      std::vector<std::shared_ptr<Tensor<float>>>& outputs) override;
```

假设当前推理的批次大小为 4，在 Forward 方法中，表达式算子接收的 3 个批次，共 12 个输入张量按顺序存放于 inputs 张量数组中。

表达式字符串中有两个运算符，分别为 add 和 mul，另外有 3 个操作数，分别为 @0、@1 和 @2，输入张量将按此顺序放置在 inputs 张量数组中。在 inputs 张量数组中，@0 对应的 4 个输入张量位于输入数组 0~3 的位置，@1 对应的 4 个输入张量位于数组 4~7 的位置，而 @2 对应的 4 个输入张量则位于数组 8~11 的位置。

此外，我们在 Forward 方法中定义了一个栈式计算模块并维护了一个输入数栈，在对执行序列进行计算时，操作数被依次推入栈中，当遇到运算符时，Forward 方法会从栈中弹出所需数量的操作数，在计算完毕之后再将结果推回到栈中。

输入数栈是一种遵循先进后出原则的数据结构，主要用来存储表达式中的输入操作数。在对上述示例进行处理的过程中，首先将@1和@2对应的批次数据按顺序推入栈内。接下来处理的是乘法运算符 mul，此时需要从栈中依次弹出@2和@1对应的批次数据，并对它们执行乘法操作，得到结果@3的批次数据，还需要将这组数据推入栈中。紧接着，将下一个输入元素@0对应的批次数据推入栈中。最后遇到加法运算符 add，此刻，需要从栈中依次弹出@3和@0对应的批次数据，再对这两组操作数进行加法运算，以获得最终结果。

7.4.5 计算相关代码的实现

我们结合代码来进一步分析表达式算子中 Forward 方法的实现。在此，我们重点介绍表达式算子中的核心计算逻辑。

(1) 准备一个栈，用于暂时存储输入的张量数组。也就是说，它会存放表达式字符串中操作数@0和@1等代表的多个张量。正如之前讨论的那样，这些张量会按照特定的顺序存放在 inputs 张量数组中。如果批次大小为4，那么张量数组中0~3位置存放的张量都属于@0输入操作数，以此类推。

(2) 调用类内解析器 parser 的 Generate 方法，先对表达式字符串进行词法分析，从而得到符合要求的词法单元数组，再根据词法单元数组构建一棵语法二叉树并存放于 token_nodes 变量中。Generate 方法对语法二叉树进行后序遍历，得到表达式对应的逆波兰表达式。如果表达式字符串为 add(@0,mul(@1,@2))，token_nodes 数组中保存的节点依次表示@0、@1、@2、mul 和 add。

(3) 遍历 token_nodes 数组时，每当遇到操作数节点，就将对应批次的所有张量数据压入栈中。如代码清单7-11的第6行所示，此时压入栈中的数据为该操作数对应的所有批次数据。以@1为例，input_token_nodes 中存储了 batch_size 个@1张量数据的数组，在处理这些数据时，需要将整个批次的张量数据压入栈中。这样做的目的是在遇到运算符时，能够对当前批次内的所有数据进行统一处理。

代码清单 7-11　对输入操作数的压栈过程

```
1.  for (const auto& token_node : token_nodes) {
2.      if (token_node->num_index >= 0) {
3.          uint32_t start_pos = token_node->num_index * batch_size;
4.          std::vector<std::shared_ptr<Tensor<float>>> input_token_nodes;
5.          for (uint32_t i = 0; i < batch_size; ++i) {
6.              input_token_nodes.push_back(inputs.at(i + start_pos));
7.          }
8.          op_stack.push(input_token_nodes);
9.      }
10. }
```

(4) 如果在遍历 token_nodes 数组时遇到运算符，如 add、mul 等，就从栈中弹出两个批次的输入数据。例如，在遇到 mul 运算符时，依次从 op_stack 栈中弹出操作数@2 和@1 相关的批次张量数组，这两个数组各自包含一个批次，共 batch_size 个张量。

如代码清单 7-12 所示，input_node1 是首先被弹出的张量数组，它位于栈顶，该张量数组中存放了与 @2 操作数相关的 batch_size 个张量，记作 input_node1；input_node2 是随后被弹出的张量数组，它位于次栈顶，该张量数组中存放了与 @1 操作数相关的 batch_size 个张量，记作 input_node2；output_token_nodes 用于存放两个张量数组逐张量计算的结果。

代码清单 7-12　对运算符的处理过程

```
1.  // 接代码清单 7-11，此处处理遇到运算符的情况
2.  std::vector<std::shared_ptr<Tensor<float>>> input_node1 =
3.     op_stack.top();  // 得到并弹出@2 对应的操作数
4.  op_stack.pop();
5.  std::vector<std::shared_ptr<Tensor<float>>> input_node2 =
6.     op_stack.top();  // 得到并弹出@1 对应的操作数
7.  op_stack.pop();
8.  std::vector<std::shared_ptr<Tensor<float>>> output_token_nodes(
9.     batch_size);
```

▶ 完整的实现代码请参考 course7_expression/source/layer/details/expression.cpp。

7.5　单元测试

7.5.1　词法分析测试

我们对表达式 add(@0,mul(@1,@2)) 进行了词法单元切分并得到了一个 tokens 数组。通过逐一比对该词法单元数组，我们确认词法单元分析器在当前表达式输入下可以正常工作，如代码清单 7-13 所示。但是，如果在一个表达式中有不能被识别的词法单元，如 add(@0,mcl(@1,@2))，单元测试会报错。

代码清单 7-13　对词法分析的测试

```
1.  TEST(test_parser, tokenizer) {
2.      using namespace kuiper_infer;
3.      const std::string &str = "add(@0,mul(@1,@2))";
4.      ExpressionParser parser(str);
5.      parser.Tokenizer();
6.      const auto &tokens = parser.tokens();
7.      ASSERT_EQ(tokens.empty(), false);
8.      const auto &token_strs = parser.token_strs();
9.      ASSERT_EQ(token_strs.at(0), "add");
10.     ASSERT_EQ(tokens.at(0).token_type, TokenType::TokenAdd);
11.     // 验证其余位置的词法单元是否符合预期
12.     ASSERT_EQ(token_strs.at(1), "(");
13.     ASSERT_EQ(tokens.at(1).token_type, TokenType::TokenLeftBrack);
```

```
14.      ...  // 验证其余位置的词法单元是否符合预期
15.  }
```

在代码清单 7-13 所示的单元测试中，针对表达式 add(@0,mul(@1,@2)) 进行了词法分析，即按照本章前面所介绍的方法，首先删除表达式中的所有空格，然后通过逐一检查表达式中的字符来提取符合词法规则的词法单元，并将其存储在 tokens 数组中，最后逐一检查这些词法单元以确认它们是否与我们预期的类型相匹配。

▶ 完整的单元测试代码请参考 course7_expression/test/test_expression.cpp。

7.5.2 逆波兰表达式的生成测试

在本单元测试中，首先构建一棵语法二叉树，随后将其转换为可执行队列（后缀序列）。在可执行队列中，各个元素按操作数在前、运算符在后的顺序排列。例如，对于表达式 add(mul(@0,@1),@2)，在构建完成后，我们得到代码清单 7-14 中所示的语法二叉树。该语法二叉树对应的逆波兰表达式为 @0 @1 mul @2 add。

代码清单 7-14　对生成逆波兰表达式的测试

```
1.   TEST(test_parser, reverse_polish) {
2.       using namespace kuiper_infer;
3.       const std::string &str = "add(mul(@0,@1),@2)";
4.       ExpressionParser parser(str);
5.       parser.Tokenizer();
6.       // 语法二叉树:
7.       //
8.       //         add
9.       //        /   \
10.      //      mul    @2
11.      //     /   \
12.      //   @0     @1
13.      const auto &vec = parser.Generate();
14.      for (const auto &item : vec) {
15.          if (item->num_index == -5) {
16.              LOG(INFO) << "Mul";
17.          } else if (item->num_index == -6) {
18.              LOG(INFO) << "Add";
19.          } else {
20.              LOG(INFO) << item->num_index;
21.          }
22.      }
23.  }
```

在以上代码中，我们首先利用解析器（ExpressionParser）中的 Tokenizer 方法对表达式字符串进行词法分析，将其拆分为一系列词法单元。随后，通过调用 Generate 方法，采用递归向下的解析策略，依据各词法单元间的逻辑关系，逐步构建起一棵完整的语法二叉树，并获取其对应的逆波兰表达式的节点数组。最终，遍历整个数组并打印每个节点的相关信息。

那么,这里的 num_index 与节点类型之间存在何种联系呢?通过查阅源代码中的 TokenType 枚举类可以发现,TokenAdd 类型的值被设定为-6,代表加法运算,TokenMul 类型的值被设定为-5,表示乘法运算。这样的设计使得我们可以通过 num_index 的值便捷地识别并处理不同类型的运算节点。

7.5.3　表达式计算过程测试

我们用一个具体的表达式 mul(@2,add(@0,@1)) 来验证表达式的计算过程。此表达式中有 3 个输入操作数:@2、@0 和@1。@0、@1、@2 对应的操作数依次存储在由表达式算子的 Forward 方法所接收的输入张量数组 inputs 中。单元测试如代码清单 7-15 所示。

代码清单 7-15　对表达式计算过程的验证

```
1.  TEST(test_expression, complex1) {
2.      using namespace kuiper_infer;
3.      const std::string& str = "mul(@2,add(@0,@1))";
4.      ExpressionLayer layer(str);
5.      // 3 个张量输入值的初始化
6.      std::vector<std::shared_ptr<Tensor<float>>> inputs;
7.      std::shared_ptr<Tensor<float>> input1 =
8.          std::make_shared<Tensor<float>>(3, 224, 224);
9.      input1->Fill(2.f);
10.     std::shared_ptr<Tensor<float>> input2 =
11.         std::make_shared<Tensor<float>>(3, 224, 224);
12.     input2->Fill(3.f);
13.
14.     std::shared_ptr<Tensor<float>> input3 =
15.         std::make_shared<Tensor<float>>(3, 224, 224);
16.     input3->Fill(4.f);
17.
18.     inputs.push_back(input1);
19.     inputs.push_back(input2);
20.     inputs.push_back(input3);
21.
22.     std::vector<std::shared_ptr<Tensor<float>>> outputs(1);
23.     outputs.at(0) = std::make_shared<Tensor<float>>(3, 224, 224);
24.     const auto status = layer.Forward(inputs, outputs);
25.     ASSERT_EQ(status, StatusCode::kSuccess);
26.     ASSERT_EQ(outputs.size(), 1);
27.     std::shared_ptr<Tensor<float>> output2 =
28.         std::make_shared<Tensor<float>>(3, 224, 224);
29.     output2->Fill(20.f);
30.     std::shared_ptr<Tensor<float>> output1 = outputs.front();
31.     ASSERT_TRUE(arma::approx_equal(output1->data(),
32.         output2->data(), "absdiff", 1e-5));
33. }
```

在以上单元测试中,我们将代表@0 的 input1 张量赋值为 2,将代表@1 的 input2 张量赋值为 3,将代表@2 的 input3 张量赋值为 4,并将这 3 个张量存入 inputs 张量数组中。

在表达式算子执行计算的 Forward 方法中，我们采用栈式策略计算并以 inputs 张量数组作为输入来计算得到最终的运算结果，也就是先将@0 和@1 对应的张量入栈，在处理 add 操作时再将这两个张量从栈中弹出并执行逐个张量之间的加法，在计算结束之后将结果张量推回栈中，以此类推。

表达式算子对该表达式和输入操作数值的计算结果为(@0+@1)×@2=(2+3)×4=20，我们在单元测试中验证了这一点。如果结果出错，则在日志信息中会同时打印预期的值和实际的值。

另外，我们还设计了检验表达式语法二叉树生成过程的单元测试——TEST(test_expression, generate2)。在这个单元测试中，我们验证了根据表达式 add(mul(@0,@1),@2)生成语法二叉树的正确性，也就是验证语法二叉树的根节点是否为 add 节点，根节点的左子节点是否为 mul 节点，根节点的右子节点是否为@2 节点，以此类推。

7.6 小结

本章首先给出了表达式和表达式算子的定义，随后介绍词法单元、词法单元的类型和词法表的概念，并讲解词法分析的过程。接着，介绍了语法二叉树的概念和结构，并在此基础上详细阐述了通过递归向下的方法，根据词法单元数组构建语法二叉树的过程。本章还讲解了什么是逆波兰表达式、逆波兰表达式的生成方法及其在运算处理中的优点。此外，本章详细描述了表达式算子的实现细节，展示了如何运用栈式计算来处理输入数据，并最终求得输入张量经过计算后的结果。最后，通过单元测试，对词法分析、逆波兰表达式的生成和表达式的计算过程进行验证。

下一章，我们让自制推理框架支持 ResNet 和 YOLOv5 推理。

7.7 练习

(1) 请实现在词法分析和语法二叉树构建的过程中支持 sin（正弦函数）操作，以下为两个对应的单元测试，可用来验证实现是否正确。

- ❑ 词法分析：TEST(test_parser, tokenizer_sin)。
- ❑ 语法分析：TEST(test_parser, generate_sin)。

▶ 完整的单元测试代码请参考 course7_expression/test/test_expr_homework.cpp。

(2) 如果运算符为一元运算符，如 sin 函数，为了得到正确的计算结果，应该如何修改 Forward 函数？完成修改后，请通过单元测试 TEST(test_expression, complex2)进行验证。

第 8 章

支持 ResNet 和 YOLOv5 推理

我们将在本章实现 KuiperInfer 对图像分类模型 ResNet 和目标检测模型 YOLOv5 的支持。为此，我们需要在本章中补充多个算子的实现，包括 SiLU 算子、Concat 算子、上采样算子和 YOLO 检测头算子。在此之前，本章将深入阐述模型执行流程的细节。

8.1　模型的执行方法

在第 4 章中，我们详细讨论了如何使用拓扑排序确定模型中所有计算节点的执行顺序。在实际执行过程中，我们只需要依照拓扑序列逐一调用与各计算节点关联的算子中的 Forward 方法，便可以顺利完成整个模型的推理过程。对于视觉领域的两大主流模型（ResNet 和 MobileNet）而言，这一流程同样适用，只要实现了这两个模型所需的全部算子，我们就可以完成模型的整体执行，并获得相应的预测结果。

每个算子类的计算逻辑都是在其重写的 Forward 方法中实现的。因此在模型执行时，通过调用算子的 Forward 方法，就可以完成相关的计算过程。当一个算子执行结束后，还需要将该算子计算得到的输出数据传给它的所有后继节点，用作后继节点的输入数据。

代码清单 8-1 展示了如何在推理框架中顺序执行计算图中的每个计算节点。该方法首先接收输入数据，然后按照拓扑顺序依次执行每个计算节点。在每一步中，方法从拓扑序列中取出当前计算节点，并调用与该节点关联的算子（layer）的 Forward 方法进行计算。通过这种顺序执行的方式，框架能够逐步处理输入数据，并将计算结果传递给下一个节点，直到最终输出计算图。

代码清单 8-1　计算图中各计算节点的顺序执行方法

```
1.  std::vector<std::shared_ptr<Tensor<float>>> RuntimeGraph::Forward(
2.    const std::vector<std::shared_ptr<Tensor<float>>>& inputs, bool debug) {
3.    for (const auto& current_op : topo_operators_) {
4.      if (current_op->type == "pnnx.Input") {
5.        current_op->has_forward = true;
6.        ProbeNextLayer(current_op, inputs);
7.      } else if (current_op->type == "pnnx.Output") {
8.        current_op->has_forward = true;
9.        current_op->output_operands = current_op->input_operands_seq.front();
10.     } else {
```

```
11.            InferStatus status = current_op->layer->Forward();
12.            current_op->has_forward = true;
13.            ProbeNextLayer(current_op, current_op->output_operands->datas);
14.        }
15.    }
16. }
```

我们将遍历执行过程中的计算节点分为 3 类：输入类、输出类和常规类，各类计算节点的作用如下所示。

□ 输入类计算节点：代表计算图的起始点，主要负责接收外部输入数据，并将其传递给后继节点，并不涉及其他计算操作。输入类计算节点通常没有前驱节点，是数据流的起点。

□ 输出类计算节点：代表计算图的终点，产生最终的输出结果。输出类计算节点通常没有后继节点，是数据流的终点。

□ 常规类计算节点：执行计算图中的中间操作，如卷积、池化、非线性激活等。这类计算节点先是接收来自前驱节点的输入数据，通过调用其关联算子的 Forward 方法来完成具体的计算工作，随后向后继节点传递处理结果。

为了确保计算图中所有计算节点的输出数据能够顺利传递，我们设计了 ProbeNextLayer 方法，如代码清单 8-2 所示。该方法接收两个参数：current_op 表示当前计算节点，layer_output_datas 表示该计算节点计算得到的输出。ProbeNextLayer 方法的作用是将 layer_output_datas 中的数据传递给 current_op 的所有后继节点。

代码清单 8-2　ProbeNextLayer 方法的定义

```
1.  void RuntimeGraph::ProbeNextLayer(
2.      const std::shared_ptr<RuntimeOperator>& current_op,
3.      const std::vector<std::shared_ptr<Tensor<float>>>& layer_output_datas)
```

8.1.1　执行输入类计算节点

我们先来分析如何执行输入类计算节点。由于这类节点通常作为计算图的起始点，因此不需要调用它们的 Forward 方法进行计算。在这里，我们直接将输入数据传递给输入类计算节点的后继节点，并将它的执行标记 has_forward 设置为 true，如代码清单 8-3 所示。这样，我们就可以认为这个输入类计算节点已经执行完毕。

代码清单 8-3　执行输入类计算节点

```
1.  if (current_op->type == "pnnx.Input") {
2.      current_op->has_forward = true;
3.      ProbeNextLayer(current_op, inputs);
4.  }
```

我们再来看看在当前节点执行结束之后，如何使用 ProbeNextLayer 方法将输出数据传递给其后继节点，如代码清单 8-4 所示。

代码清单 8-4　`ProbeNextLayer` 方法的实现

```
1.  void RuntimeGraph::ProbeNextLayer(
2.      const std::shared_ptr<RuntimeOperator>& current_op,
3.      const std::vector<std::shared_ptr<Tensor<float>>>& layer_output_datas) {
4.      // 找到当前节点的所有后继节点
5.      const auto& next_ops = current_op->output_operators;
6.      // 对每个后继节点进行遍历
7.      for (const auto& [_, next_rt_operator] : next_ops) {
8.          // 得到一个后继节点的输入操作数
9.          const auto& next_input_operands = next_rt_operator->input_operands;
10.         // 通过当前节点的名称在后继节点的输入操作数中找到对应的数据位置
11.         std::vector<std::shared_ptr<ftensor>>& next_input_datas =
12.             next_input_operands.at(current_op->name)->datas;
13.         // 将 current_op 的输出数据赋值给 next_input_datas
14.         for (int i = 0; i < next_input_datas.size(); ++i) {
15.             next_input_datas.at(i) = layer_output_datas.at(i);
16.         }
17. }
```

对核心代码实现的描述如下。

第 5 行：获取当前节点 `current_op` 的所有后继节点，并将其命名为 `next_ops`。

第 7 行：对 `next_ops` 进行遍历，迭代处理每一个后继节点，记作 `next_rt_operator`。

第 9 行：获取每个后继节点的输入操作数 `next_input_operands`，该键-值对的键是生成输入操作数的节点名称，而值则是对应的张量数据。另外，`ftensor` 是 `Tensor<float>` 的别名，表示存放 `float` 类型数据的张量类。

第 11~12 行：通过当前节点的名称找到其输出数据在后继节点输入操作数 `next_input_operands` 中的存放位置，即 `next_input_datas`。

第 14~16 行：将当前节点的输出数据 `layer_output_datas` 赋值给 `next_input_datas`，完成数据从当前节点到后继节点的传递。

这样，我们就完成了将当前节点的计算结果传递给其所有后继节点的操作。

8.1.2　执行常规类计算节点

常规类计算节点承担了模型中的主要计算任务。执行常规类计算节点的基本流程与执行输入类计算节点的基本流程类似。

在执行常规类计算节点时，首先调用该节点关联算子的 `Forward` 方法，`Forward` 方法会根据不同算子的特定计算逻辑对输入张量进行相应的计算处理。例如，卷积算子会对输入张量执行卷积运算并将卷积运算结果存储在输出张量中；池化算子则会在 Forward 方法中执行池化操作，同样会将池化运算结果存入输出张量。我们来看一下在计算图中是如何调用常规类计算节点的算子进行运算的，如代码清单 8-5 所示。

代码清单 8-5　调用常规类计算节点的算子
```
1.  InferStatus status = current_op->layer->Forward();
2.  current_op->has_forward = true;
3.  ProbeNextLayer(current_op, current_op->output_operands->datas);
```

第 1 行中的 current_op->layer 用于获取与当前计算节点关联的算子，紧接着调用该算子的不含参数的 Forward 方法，该方法是所有算子的基类 Layer 提供的。Forward 方法的基本实现可以概括为以下几步。

(1) 由于每个计算节点都关联着一个算子，而每个算子也通过指针与其对应的计算节点相关联，以确保在执行时能够访问节点的输入数据和输出数据，因此在代码清单 8-5 中，当我们调用当前算子的 layer 时，不含参数的 Forward 方法首先需要获取与算子关联的计算节点。

(2) 获取对应的计算节点后，需要找出该计算节点的所有输入操作数，作为关联算子的输入。由于计算节点中的输入操作数是以 map 类型变量存储的，因此我们会依次从输入操作数中取出来自不同前驱节点的输出数据，并将这些输出数据放入输入张量数组 layer_input_datas 中，作为当前节点的输入数据。以上过程是在不含参数的 Forward 方法中执行的。

(3) 获取算子的输入张量数组之后，需要取出与该算子关联的计算节点中用于存放计算结果的输出张量数组 output_operand_datas。

(4) 调用当前算子子类的含参数的 Forward 方法。该方法有两个参数，分别是第(2)步中得到的输入张量数组 layer_input_datas 和第(3)步中得到的输出张量数组 output_operand_datas。

(5) 以 Forward(layer_input_datas, output_operand_datas) 的形式调用每个算子子类中的 Forward 方法，并得到相应的计算结果。

注意，在基类不含参数的 Forward 方法中调用各个子类含参数的 Forward 方法时，含参数的 Forward 方法接收两个参数，分别是算子的输入张量数组和输出张量数组。不同类型的算子子类从输入张量数组中取得数据进行具体的运算，再将结果写回输出张量数组中用于后续的计算。简单来说，就是父类中不含参数的 Forward 方法负责准备输入张量和输出张量并存入对应的数组，随后调用子类含参数的 Forward 方法执行具体运算。

▶ 完整的实现代码请参考 course8_resnetyolov5/source/layer/abstract/layer.cpp。

8.1.3　获取模型的输出

当模型的所有计算节点依次执行并完成计算任务后，接下来的关键步骤就是获取模型的最终计算结果。由于我们在 Build 方法中指定了输出类计算节点的名称（假设为 output1），因此当所有计算节点执行完毕时，就可以通过遍历计算图中的所有计算节点找到名为 output1 的计算节点。找到该计算节点后，获取该计算节点的输出结果，并将其作为模型的整体计算结果返回给调用者。如代码清单 8-6 所示，在一个计算图的 Forward 方法的最后，找出名称为 output_name_ 的计算节点并得到它的输出操作数 output_operands 作为最后的结果返回。

代码清单 8-6　遍历所有计算节点并找出输出计算节点

```
1.  std::vector<std::shared_ptr<Tensor<float>>> RuntimeGraph::Forward(
2.      const std::vector<std::shared_ptr<Tensor<float>>>& inputs, bool debug) {
3.      ... // 省略算子的执行部分
4.      // 当所有算子都执行完毕后
5.      if (operators_maps_.find(output_name_) != operators_maps_.end()) {
6.          //找到指定的输出计算节点并返回其结果
7.          const auto& output_op = operators_maps_.at(output_name_);
8.          CHECK(output_op->output_operands != nullptr)
9.              << "Output from " << output_op->name << " is empty";
10.         const auto& output_operand = output_op->output_operands;
11.         return output_operand->datas;  // 返回输出结果
12.     } else {
13.         LOG(FATAL) << "Cannot find the output operator " << output_name_;
14.         return std::vector<std::shared_ptr<Tensor<float>>>{};
15.     }
16. }
```

8.2　在 KuiperInfer 中支持 ResNet

ResNet 是一种流行的深度学习模型，在图像分类和目标检测等任务中应用广泛。ResNet 模型的网络结构较复杂，具有多个残差块，在残差块中又有不同的分支，由多个不同的算子组合而成。构成 ResNet 模型的主要算子如下：

- ❑ 卷积算子
- ❑ ReLU 激活算子
- ❑ 自适应平均池化算子
- ❑ 全连接算子
- ❑ 最大池化算子

我们在前面的章节中介绍过卷积算子、ReLU 激活算子和池化算子，下面将重点讲解全连接算子，它的主要作用是将输入张量与全连接算子中的权重进行矩阵乘法运算，从而得到最终的计算结果。

8.2.1　全连接算子的实例化

我们首先定义全连接算子 LinearLayer。如第 5 章所述，每个算子都有一个专属的实例化方法，实例化方法会从计算节点中提取参数，并将其传递给算子的构造方法。实例化完成后，通过后续的设置完成算子的初始化。此外，每个算子的实例化方法统一存储在一个全局注册器中，并通过算子的类型名称进行索引。全连接算子的实例化如代码清单 8-7 所示。

代码清单 8-7 全连接算子的实例化

```
1.   ParseParameterAttrStatus LinearLayer::GetInstance(
2.       const std::shared_ptr<RuntimeOperator>& op,
3.       std::shared_ptr<Layer>& linear_layer) {
4.     const auto& attr = op->attribute;
5.     CHECK(!attr.empty()) << "Operator attributes is empty";
6.
7.     if (attr.find("weight") == attr.end()) {
8.         LOG(ERROR) << "Can not find the weight parameter";
9.         return ParseParameterAttrStatus::kAttrMissingWeight;
10.    }
11.    // 获取权重
12.    const auto& weight = attr.at("weight");
13.    const auto& shapes = weight->shape;
14.    int32_t out_features = shapes.at(0);
15.    int32_t in_features = shapes.at(1);
16.    // 实例化算子
17.    linear_layer = std::make_shared<LinearLayer>(in_features, out_features, use_bias);
18.    // 将权重赋值给实例化后的算子
19.    linear_layer->set_weights(weight->get<float>());
20.    // 获取偏置向量
21.    const auto& bias = attr.at("bias");
22.    if (use_bias) {
23.        // 将偏置向量赋值给实例化后的算子
24.        linear_layer->set_bias(bias->get<float>());
25.    }
26.    ...
```

为了实例化相应的全连接算子，我们需要从对应的计算节点中获取以下两条关键信息。

❏ 权重数据：用于与输入张量进行矩阵乘法运算。

❏ 偏置向量数据：用于与权重和输入张量矩阵相乘的结果进行加和运算。

在实例化阶段，我们会从计算节点中提取权重数据，并将它们存储在算子类的内部变量中，以便在后续的计算过程中随时使用。计算节点的 attr 变量是一个键-值对结构。通过键名 weight，我们可以获取全连接算子的权重数据；而使用键名 bias，则可以获取该算子的偏置向量数据。

为什么分别以 weight 和 bias 作为索引呢？这是因为 PNNX 在重写算子时，对全连接算子中的权重名称进行了统一修改。如图 8-1 所示，模型参数文件中以@符号开始的两个变量分别代表模型中全连接算子对应的权重名称。

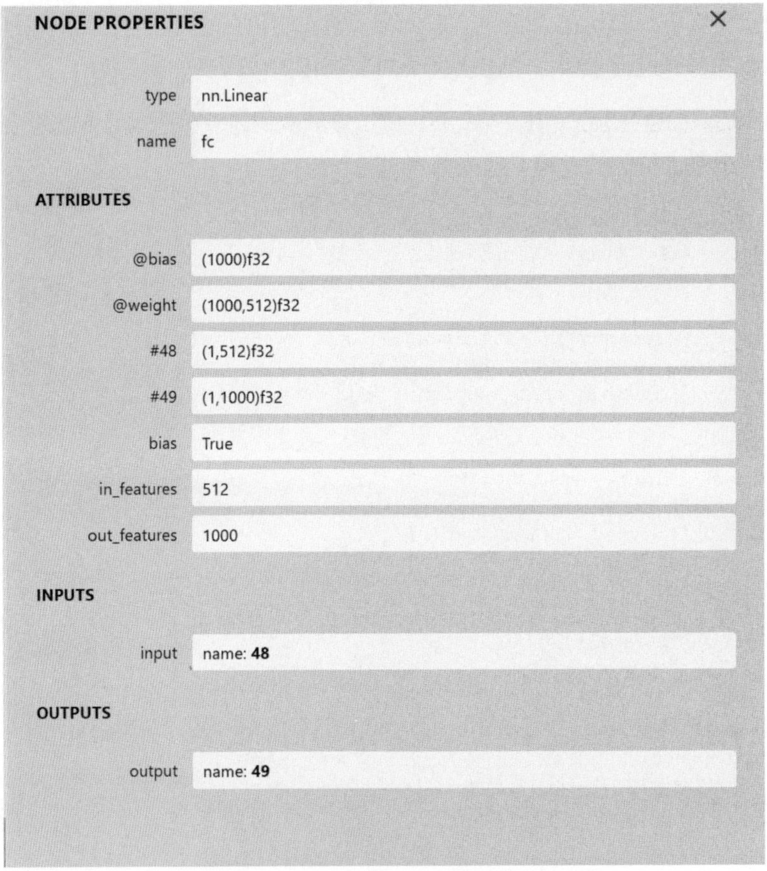

图 8-1　Linear 类型的节点的可视化信息

从图 8-1 中可以观察到，Linear 类型的节点除了前面提到的权重和偏置向量数据，还包括输入特征数（in_features）和输出特征数（out_features）等参数，这里分别是 512 和 1000。因此在实例化全连接算子时，我们不仅要读取权重和偏置向量数据，还需要知道权重的维度大小（见代码清单 8-7 的第 14~15 行）。在图 8-1 所示的例子中，这组参数信息表示全连接算子的权重的维度为 512×1000，偏置向量的维度为 1000×1，这意味着该全连接算子会将最后一维是 512 的输入特征映射到 1000 维。

8.2.2　全连接算子的实现

在 PyTorch 中，全连接算子的计算公式为 $y = x\boldsymbol{W}^{\mathrm{T}} + b$，其中 $\boldsymbol{W}$ 代表权重矩阵。需要注意的是，在计算之前需要对 $\boldsymbol{W}$ 进行转置。在 KuiperInfer 框架中，全连接算子的计算过程体现在重写后的 Forward 方法上，参考实现请见代码清单 8-8~代码清单 8-10。

下面我们将详细解析全连接算子的 Forward 方法，以便深入理解其实现机制。首先，我们概览一下该方法的主要处理步骤。

(1) 检查输入张量是否为空。在 Forward 方法中，我们需要检查每个输入张量，确保它们不为空，因为对空张量进行线性计算是没有意义的。

(2) 提取并加载权重和偏置向量数据（见代码清单 8-8 的第 5~6 行）。全连接算子的计算过程中涉及矩阵乘法。因此，我们首先需要从算子实例中得到权重和偏置向量数据，然后将这些数据分别填入 Armadillo 数学库提供的矩阵类中，记作 weight_data，以便后续进行矩阵运算。

代码清单 8-8　全连接算子 Forward 方法的第一部分：处理权重数据

```
1.  InferStatus LinearLayer::Forward(
2.      const std::vector<std::shared_ptr<Tensor<float>>>& inputs,
3.      std::vector<std::shared_ptr<Tensor<float>>>& outputs) {
4.      uint32_t batch = inputs.size();
5.      const std::shared_ptr<Tensor<float>>& weight = weights_.front();
6.      arma::fmat weight_data(weight->raw_ptr(), out_features_,
7.          in_features_, false, true);
8.      const arma::fmat& weight_data_t = weight_data.t();
```

(3) 转置权重矩阵以进行矩阵乘法运算（见代码清单 8-8 的第 8 行）。对第(2)步得到的权重矩阵 weight_data 进行转置，得到 weight_data_t，转置后的权重矩阵的维度由原来的 output_features * input_features 变为 input_features * output_features，从而确保在执行矩阵乘法时，输入张量的第二维和权重的第一维相匹配。

(4) 加载输入数据并执行矩阵乘法。我们将所有张量放入一个输入矩阵 input_vec 中，输入矩阵的第二维需要和 weight_data_t 的第一维保持一致，也就是等于 input_features，这是矩阵乘法的基本要求，如代码清单 8-9 所示。

代码清单 8-9　全连接算子 Forward 方法的第二部分：处理输入数据

```
1.  arma::fmat input_vec((float*)input->raw_ptr(), feature_dims,
2.      in_features_, false, true);
```

(5) 如果该算子用到了偏置向量，在完成第(4)步的计算后，还需将偏置向量值加到结果上，以得出最终的输出结果。代码清单 8-10 展示了这一过程的具体实现。

代码清单 8-10　全连接算子 Forward 方法的第三部分：计算结果

```
1.  arma::fmat& result = output->slice(0);
2.  result = input_vec * weight_data_t;
3.  if (use_bias_) {
4.      ...
5.      ...
6.      const auto& bias_data = bias_.front()->data(); // 获取偏置向量的值
7.      ...
8.      const auto& bias_tensor = bias_data.slice(0);
9.      for (uint32_t row = 0; row < result.n_rows; ++row) {
```

```
10.          result.row(row) += bias_tensor; // 将结果加上偏置向量
11.      }
12.  }
```

对核心代码实现的描述如下。

第 2 行：将输入矩阵 input_vec 与转置后的权重矩阵 weight_data_t 相乘，并将结果存储在结果矩阵 result 中。

第 6~8 行：获取存放偏置向量数据的张量 bias_data，并从中提取偏置向量 bias_tensor 用于后续运算。

第 9~11 行：遍历结果矩阵 result 的每一行，并将偏置向量逐行加到结果矩阵 result 中，以得到最终的输出结果。

在完成全连接算子的实现后，我们还需将该算子注册至全局注册器中，以便推理框架能够在后续操作中更便捷地识别并实例化该算子。

8.2.3　ResNet 推理流程概览

ResNet 对输入图像进行分类大致可以分为以下几个步骤。

(1) 加载预训练权重。在训练过程中，通过多轮迭代，我们会获得一个能够高效识别目标类型图像的模型。训练完成后，我们需要将这个模型的权重保存到磁盘上，在部署阶段，这些预先保存的权重会被重新加载到内存或显存中，并填充到模型的各个计算节点上，包括其权重数据和偏置向量数据。

(2) 加载待分类的图像并进行预处理。推理阶段的预处理过程中所采用的对数据的归一化和标准化方法必须和训练阶段保持一致，这样才能确保预处理后的数据分布范围与训练时的相同，从而保证模型预测的准确性。

(3) 利用加载好的模型对预处理后的输入图像进行推理预测。在此阶段中，模型中的每一层都会对当前层的输入数据进行计算，并逐层传递计算结果，直到最终得到模型对图像类别的预测结果。

为了支持 ResNet 的推理，我们需要完善 ResNet 推理所需的所有算子，如全连接算子、SiLU[①]算子等。在正确实现这些算子之后，我们需要将它们注册到全局注册器中，以便推理框架在加载模型时能够实例化相应的算子。

在 KuiperInfer 中实现 ResNet 模型推理的过程与上述步骤大体一致。概括来说，当模型成功

---

① SiLU（Sigmoid Linear Unit）是一种激活函数，也被称为 Swish 激活函数。它由 Google Brain 在 2017 年提出，主要用于神经网络中，特别是深度学习领域。SiLU 激活函数通过引入非线性变换，使神经网络能够捕捉更复杂的数据模式。

加载后, 首先要对输入图像进行预处理, 然后将预处理后的数据作为全局输入传递给模型。接着, 模型中的每一层会按照顺序处理各自的输入数据并进行传递, 直至产生最终的推理结果。获取模型的原始输出后, 还需进行后处理, 包括计算输出张量的 softmax 概率分布, 并选取概率最高的类别作为模型的分类结果。

以上步骤概述了我们的自制推理框架项目中从加载模型到获得最终输出结果的整个流程, 具体的实现代码可参考 course8_resnetyolov5/test/test_resnet.cpp。我们在实现 KuiperInfer 的模型加载和推理过程之前, 先来看看 PyTorch 是如何对输入图像进行预处理和分类的, 如代码清单 8-11 所示。

代码清单 8-11 PyTorch 对输入图像进行预处理和分类

```
1.  import torch
2.  import numpy as np
3.  from PIL import Image
4.  from torchvision import transforms
5.
6.  if __name__ == '__main__':
7.      model = torch.hub.load('pytorch/vision:v0.10.0', 'ResNet18', pretrained=True)
8.      model.eval()
9.      img = Image.open(r'imgs/d.jpeg')
10.     preprocess = transforms.Compose([
11.         transforms.Resize((224, 224)),
12.         transforms.ToTensor(),
13.         transforms.Normalize(mean=[0.485, 0.456, 0.406], std=[0.229, 0.224, 0.225]),
14.     ])
15.     img_tensor = preprocess(img)
16.     input_batch = img_tensor.unsqueeze(0)
17.     with torch.no_grad():
18.         output = model(input_batch)
19.     probabilities = torch.nn.functional.softmax(output[0], dim=0)
20.     top5_prob, top5_catid = torch.topk(probabilities, 5)
21.     for i in range(top5_prob.size(0)):
22.         print(top5_catid[i], top5_prob[i].item())
```

对核心代码实现的描述如下。

第 7~8 行: 加载预训练的 ResNet18 模型。如果本地没有缓存权重文件, 系统会自动通过网络下载。在成功获取权重文件后, `load` 方法将这些预训练权重加载到模型中, 并将模型设置为评估模式, 即 `eval` 模式。

第 10~14 行: 定义图像的预处理步骤, 包括将图像大小调整至 224×224、转换图像为张量类型, 并对得到的张量进行归一化和标准化操作。

第 15~16 行: 根据之前定义的预处理步骤, 对输入图像 `img` 进行变换, 将其转化为模型输入的张量 `img_tensor`, 并在第一维添加一个批次维度, 得到 `input_batch` 张量。

第 17~18 行：在模型预测阶段，我们首先通过上下文管理器禁用梯度计算，随后将预处理后的图像张量 `input_batch` 输入已加载的 ResNet18 模型中，执行前向计算，从而得到模型的输出结果 `output`。

第 19~20 行：对模型的输出结果 `output` 执行 `softmax` 操作以获取各个类别的概率分布。然后，使用 `topk` 方法提取概率排名前 5 的类别及其对应的概率。

第 21~22 行：遍历并打印前 5 个类别的索引及其对应的概率，以展示最终的分类结果。

以上就是在 PyTorch 中加载预训练权重，并对目标输入图像进行预处理和分类的整个过程。

8.2.4 实现 KuiperInfer 对 ResNet 的支持

下面我们在 KuiperInfer 中实现与 PyTorch 相同的功能，目标是确保模型中所有类型的算子都能得到支持，并且能够对输入图像进行准确分类。

1. 对权重文件的加载

我们在第 4 章中介绍过，计算图的加载和构建过程中有两个关键步骤——初始化和构建。

(1) 初始化即根据 PNNX 模型的结构定义文件和权重文件来初始化计算图中的所有计算节点。在初始化每个计算节点时，除了需要初始化计算节点的输入操作数和输出操作数，还需要设置相关的参数（如卷积核大小、步长等），并且要为带有参数权重的每个计算节点加载相应的权重数据。当一个计算节点的初始化工作完成后，我们才会将其添加到计算节点的列表中，以便后续使用。

(2) 构建过程体现在 RuntimeGraph 类的 Build 方法中。这一步会对步骤(1)中得到的计算节点列表进行处理，分别查找每个计算节点的后继节点，将其存储在各自计算节点的类内变量中，以供下一步使用。随后通过拓扑排序求得所有计算节点的执行顺序，确保这一顺序符合节点间的依赖关系。最后，构建过程还需要对每个计算节点的输入张量和输出张量空间进行初始化。至此，完成整个计算图的加载和构建。

通过以上两个步骤，我们就可以在 KuiperInfer 中加载一个完整的模型。对 ResNet 模型的加载也是如此，我们在代码清单 8-12 中通过调用 Build 方法完成了对 ResNet 模型的加载，并且指定了模型的输入节点和输出节点。

代码清单 8-12　加载 ResNet 模型

```
1.  using namespace kuiper_infer;
2.  const std::string& param_path = "course8/model_file/resnet18_batch1.param";
3.  const std::string& weight_path = "course8/model_file/resnet18_batch1.pnnx.bin";
4.
5.  RuntimeGraph graph(param_path, weight_path);
6.  graph.Build("pnnx_input_0", "pnnx_output_0");
```

▶ 完整的实现代码请参考 course8_resnetyolov5/source/runtime_ir.cpp。

2. 数据的预处理

我们可以使用 OpenCV 的 `imread` 函数读取输入图像 car.jpg，该图像如图 8-2 所示。然后对读取的图像应用预处理方法 `PreProcessImage`。

图 8-2　输入图像 car.jpg

下面详细介绍 `PreProcessImage` 方法的实现过程。

在预处理阶段，首先对图像尺寸进行调整，将其裁剪或缩放到 224 像素 × 224 像素。这一操作可以通过调用 OpenCV 库中的 `resize` 方法实现。随后，对图像进行颜色空间转换。OpenCV 读取的图像数据在内存中的分布形式是 $B_1G_1R_1B_2G_2R_2B_3G_3R_3$，其中 B、G、R 分别代表图像 3 个颜色通道的像素值。这种排列方式意味着每个像素点的 3 个通道值是交叉存储的，每个位置的数值实际上由 3 个通道在同一位置上的像素值混合而成。

在处理深度学习模型时，我们通常需要将数据分布转换为 $R_1R_2R_3G_1G_2G_3B_1B_2B_3$ 的形式。这不仅仅涉及将颜色空间从 BGR 转换为 RGB，还需要改变像素的排列方式，即先放置一个颜色通道的所有像素，再放置下一个颜色通道的像素。首先，我们可以通过使用 OpenCV 库中的 `cvtColor` 函数将输入图像的颜色空间由 BGR 转换为 RGB。转换后，输出的图像数据变为 $R_1G_1B_1R_2G_2B_2R_3G_3B_3$ 的形式。然后，我们使用 OpenCV 中的 `split` 方法将输入图像的各个颜色通道分离，该方法将多通道图像分割成 3 个独立的单通道（分别代表红色、绿色和蓝色通道）图像，并将每个单通道图像存储在 `split_images` 数组中。最后，我们将多个通道的图像逐个通道依次复制到内存中，就可以得到 $R_1R_2R_3G_1G_2G_3B_1B_2B_3$ 的数据形式。颜色空间转换和像素重排的代码实现如代码清单 8-13 所示。

代码清单 8-13　颜色空间转换和像素重排

```
1.   kuiper_infer::sftensor PreProcessImage(const cv::Mat &image) {
2.       ...
3.       std::vector<cv::Mat> split_images;
4.       cv::split(rgb_image, split_images);
5.       uint32_t input_w = 224;
6.       uint32_t input_h = 224;
7.       uint32_t input_c = 3;
8.       sftensor input = std::make_shared<ftensor>(input_c, input_h, input_w);
9.       uint32_t index = 0;
10.      for (const auto &split_image : split_images) {
11.          assert(split_image.total() == input_w * input_h);
12.          const cv::Mat &split_image_t = split_image.t();
13.          memcpy(input->slice(index).memptr(), split_image_t.data,
14.                 sizeof(float) * split_image.total());
15.          index += 1;
16.      }
17.      ...
```

对核心代码实现的描述如下。

第 3~4 行：使用 cv::split 方法将 RGB 图像的每个通道分离，并将得到的 3 个单通道图像存储在 split_images 数组中。这 3 个单通道图像分别代表红色、绿色和蓝色通道的图像。

第 8~9 行：定义一个名为 input 的张量，用于存储预处理完的输入图像数据。该张量有 3 个维度，其中第 1 维存储图像的通道数（input_c），第 2 维和第 3 维分别存储图像的高度和宽度（input_h 和 input_w）。

第 10~16 行：通过 for 循环逐个通道地将 split_images 数组中的单通道图像数据填充到输入张量 input 中。这里需要保证每个通道的尺寸与输入张量相应维度的尺寸相匹配，并且在将单个通道的数据复制到输入张量之前，先对数据进行转置，以调整其行和列的主次顺序。

接下来，我们将对输入张量实施归一化与标准化处理。进行归一化处理时，要将输入图像的像素值除以 255，从而将其数值范围变为 0~1。对输入图像进行标准化处理的步骤为：首先确定每个通道的平均值和标准差，然后根据平均值和标准差来调整数据的分布，确保其特征符合模型训练所需的统计特性。具体的代码实现如代码清单 8-14 所示。

代码清单 8-14　对输入张量的归一化和标准化处理

```
1.   kuiper_infer::sftensor PreProcessImage(const cv::Mat &image) {
2.       ...
3.       float mean_r = 0.485f;
4.       float mean_g = 0.456f;
5.       float mean_b = 0.406f;
6.       float var_r = 0.229f;
7.       float var_g = 0.224f;
8.       float var_b = 0.225f;
9.       assert(input->channels() == 3);
```

```
10.     input->data() = input->data() / 255.f;
11.     input->slice(0) = (input->slice(0) - mean_r) / var_r;
12.     input->slice(1) = (input->slice(1) - mean_g) / var_g;
13.     input->slice(2) = (input->slice(2) - mean_b) / var_b;
14.     return input;
15. }
```

3. 模型的推理过程

在前文中，我们利用模型的结构定义文件和权重文件来加载 ResNet 模型，主要包括以下步骤：确定计算节点中的参数和权重，定义与计算节点相关联的输入张量和输出张量，并依据计算节点间的依赖关系确定其拓扑顺序，从而构建出待执行状态的计算图。执行完上述步骤之后，模型的初始化工作也就随之完成。

在对图像进行预处理时，我们主要使用了 OpenCV，它帮助我们完成图像的读取、裁剪、颜色空间转换以及像素的归一化等预处理操作。随后，我们将经过预处理的图像数据填充到模型输入类计算节点中，将其作为模型输入，并进行模型推理，如代码清单 8-15 所示，以便进行后续的深度学习模型处理。

代码清单 8-15 执行计算图中的模型推理

```
const std::vector<sftensor> outputs = graph.Forward(inputs, true);
```

模型推理的过程特别简单，只需调用计算图的 Forward 方法对输入图像进行推理即可，其中包括读取输入张量，然后按照先前确定的拓扑顺序执行计算图中的每一个计算节点，并最终将推理结果存储在 outputs 张量数组中。

4. 对输出数据的后处理

在代码清单 8-11 所示的 Python 代码中，我们使用了 softmax 函数对原始输出进行后处理，以确保输出结果可以被解释为概率分布。在使用 C++ 对输出数据的后处理实现中，我们同样需要添加相应的后处理步骤，以保证在 PyTorch 和 KuiperInfer 这两个不同的推理框架中模型推理结果的一致性和正确性。这将涉及在 C++ 代码中实现 softmax 函数，并将其应用于模型的原始输出，从而得到每个类别的概率分布，如代码清单 8-16 所示。原始输出张量 outputs 的输出形状为(1, 1000)，这意味着我们有一个包含 1000 个概率的一维数组，代表了模型对输入图像属于 1000 个不同类别的预测得分。为了将这些分数转换为概率分布，我们需要对该输出张量使用 softmax。

代码清单 8-16 对输出数据进行后处理

```
1.  std::vector<sftensor> outputs_softmax(batch_size);
2.  SoftmaxLayer softmax_layer(0);
3.  softmax_layer.Forward(outputs, outputs_softmax);
4.
5.  for (int i = 0; i < outputs_softmax.size(); ++i) {
```

```
6.          const sftensor& output_tensor = outputs_softmax.at(i);
7.          assert(output_tensor->size() == 1 * 1000);
8.          float max_prob = -1;
9.          int max_index = -1;
10.         for (int j = 0; j < output_tensor->size(); ++j) {
11.             float prob = output_tensor->index(j);
12.             if (max_prob <= prob) {
13.                 max_prob = prob;
14.                 max_index = j;
15.             }
16.         }
17. }
```

对核心代码实现的描述如下。

第 1~3 行：创建一个 softmax 算子，并将原始推理输出 outputs 传递给该算子的 Forward 方法，得到一个经过 softmax 处理的输出张量 outputs_softmax。

第 5~17 行：遍历 outputs_softmax 中的每一个输出张量，对其进行进一步处理。在这里，我们通过迭代的方式找到张量中概率最大的元素，并记录相应的分类索引，从而确定最终的分类结果。

8.3 在 KuiperInfer 中支持 YOLOv5

YOLO（You Only Look Once）是一种高效的单阶段目标检测算法，通过将图像划分为固定数量的网格，并在每个网格内同时预测目标的类别和边界框来实现快速检测。YOLO 能够在保持高准确率的同时，实现实时的多目标及多类别检测，非常适合应用于需要快速响应的场景，如视频监控和智能交通系统。随着 YOLO 版本的不断更新，其性能也在持续提升。

8.3.1 数据预处理

在支持 YOLOv5 推理之前，我们同样需要对输入图像进行一系列的预处理操作，以确保输入数据与模型在训练过程中使用的数据具有一致的分布和图像格式。这些预处理操作包括图像的缩放与填充、颜色空间转换、像素归一化处理等。

1. 图像的缩放与填充

缩放（scaling）与填充（padding）是 YOLOv5 中预处理的重要环节，通过对图像进行等比例的大小调整和填充，确保图像的尺寸符合 YOLOv5 模型的输入要求。在缩放的同时向输入图像的周围增加像素，能够确保图像等比例地调整至模型所需的尺寸。

图像的缩放与填充操作是通过 LetterBox 方法完成的。该方法主要包含以下参数：image，输入的原始图像；out_image，经过预处理的输出图像；new_shape，需要缩放的目标尺寸；

color，填充时使用的颜色。其他参数并不是该方法的核心，我们可以忽略。LetterBox 方法能够确保输入图像在保持原始宽高比的同时被调整到指定的尺寸，从而便于 YOLOv5 模型进行有效的处理和识别。LetterBox 方法的完整实现如代码清单 8-17 所示。

代码清单 8-17 LetterBox 方法的实现

```
1.  float Letterbox(...) {
2.      cv::Size shape = image.size();
3.      float r = std::min((float)new_shape.height / (float)shape.height,
4.                         (float)new_shape.width / (float)shape.width);
5.      if (!scale_up) {
6.          r = std::min(r, 1.0f);
7.      }
8.
9.      int new_unpad[2] { (int)std::round((float)shape.width * r),
10.                        (int)std::round((float)shape.height * r) };
11.     float dw = new_shape.width - new_unpad[0];
12.     float dh = new_shape.height - new_unpad[1];
13.
14.     if (!fixed_shape) {
15.         dw = (float)((int)dw % stride);
16.         dh = (float)((int)dh % stride);
17.     }
18.
19.     dw /= 2.0f;
20.     dh /= 2.0f;
21.
22.     int top = int(std::round(dh - 0.1f));
23.     int bottom = int(std::round(dh + 0.1f));
24.     int left = int(std::round(dw - 0.1f));
25.     int right = int(std::round(dw + 0.1f));
26.     cv::copyMakeBorder(tmp, out_image, top, bottom, left, right,
27.                        cv::BORDER_CONSTANT, color);
28. }
```

对核心代码实现的描述如下。

第 6 行：变量 r 代表的是新的目标高度/原始图像高度和新的目标宽度/原始图像宽度这两个比值中较小的值，其作用是确保在接下来调用 resize 方法的操作中，新的图像能够保持正确的宽高比，避免图像在缩放过程中出现扭曲变形和比例失调的问题。

第 9 行：new_unpad 代表图像在缩放后的大小（不包括任何填充部分）。

第 11~16 行：dw 和 dh 分别代表需要在图像两侧进行填充的宽度和高度。我们使用 cv::copy-MakeBorder 函数对图像边缘进行填充，填充的颜色由 color 参数指定。通过图像的缩放与填充处理，原图像的大小被调整到了目标尺寸。

如图 8-3 所示，虚线代表调用 resize 方法后按照原始图像的宽高比调整后的图像高度，即不包括填充的部分；而实线则表示输出图像的整体高度。由此可以看出，如果不能直接将输入图像按比例调整到目标大小，那么需要对图像进行边缘填充，以确保图像在不改变原有比例关系的同时被缩放到指定的目标大小。

图 8-3　对输入图像的缩放与填充

2. 颜色空间转换与像素归一化

颜色空间转换不仅涉及将图像从一种颜色空间转换到另一种颜色空间，还包括像素的重新排列。这一转换过程在 ResNet 的数据预处理部分已有详细介绍，这里不再赘述。

像素归一化的目的是将数据按照一定的规则进行缩放，使数据落在一个特定的区间内，确保模型的输入数据的范围与训练时的一致，从而提高模型的泛化能力和预测准确性。处理过程如代码清单 8-18 所示。

代码清单 8-18　颜色空间转换与像素归一化处理

```
1.   kuiper_infer::sftensor PreProcessImage(const cv::Mat& image,
2.                                          const int32_t input_h,
3.                                          const int32_t input_w) {
4.       ...
5.       cv::Mat rgb_image;
6.       cv::cvtColor(out_image, rgb_image, cv::COLOR_BGR2RGB);
7.
8.       cv::Mat normalize_image;
9.       rgb_image.convertTo(normalize_image, CV_32FC3, 1. / 255.);
```

对核心代码实现的描述如下。

第 5~6 行：使用 OpenCV 中的 `cvtColor` 方法将输入图像 image 的颜色空间从 BGR 格式转换为符合模型输入要求的 RGB 格式，并将结果存储在 `rgb_image` 中。

第 8~9 行：使用 `convertTo` 方法将 `rgb_image` 中的像素值范围缩放到 0~1，存储在 `normalize_image` 中。具体来说，将像素值范围从 0~255 转换为 0~1，这是通过将每个像素值除以 255 实现的，从而完成归一化处理。

图像的缩放与填充、颜色空间转换、像素归一化等预处理步骤都被封装在一个名为 `PreProcessImage` 的预处理方法中，调用这个方法就能方便地在 YOLOv5 目标检测中完成所有必要的预处理操作。

8.3.2　补充缺失的算子

我们尝试加载 YOLOv5 模型，如代码清单 8-19 所示。

代码清单 8-19　加载 YOLOv5 模型

```
1.  RuntimeGraph graph(param_path, bin_path);
2.  graph.Build("pnnx_input_0", "pnnx_output_0");
```

由于我们尚未实现 YOLOv5 模型中的所有算子，因此在运行时可能会出现找不到某些算子的错误。下面我们将逐步补充实现这些缺失的算子，以解决上述问题，确保模型顺利地进行推理。

1. 编写 SiLU 算子

为了支持 YOLOv5 模型的推理，我们需要补充实现 SiLU 等算子并将它们注册到系统中。

SiLU 算子的数学表达式如下：

$$\text{SiLU}(x) = x \cdot \text{Sigmoid}(x) = \frac{x}{1 + e^{-x}}$$

SiLU 函数的输出是输入 x 和 Sigmoid 函数的乘积。在 SiLU 算子的实现过程中，同样需要先继承算子父类 `Layer`，并重写其中的 `Forward` 方法。在 `Forward` 方法中首先检查输入张量和输出张量是否为空以及长度是否相等。SiLU 算子中 `Forward` 方法的核心计算部分如代码清单 8-20 所示。

代码清单 8-20　SiLU 算子中 Forward 方法的核心计算部分

```
1.  const uint32_t batch_size = inputs.size();
2.  for (uint32_t i = 0; i < batch_size; ++i) {
3.      // 得到多个批次中的一个输入
4.      const std::shared_ptr<Tensor<float>> &input = inputs.at(i);
5.      std::shared_ptr<Tensor<float>> output = outputs.at(i);
```

```
6.          // 将 input 的数据赋值给 output
7.          output->set_data(input->data());
8.
9.          // 遍历计算 output 中的每个元素
10.         // 对 output 中的每个元素应用 sigmoid 激活函数
11.         output->Transform(
12.             [](const float value) { return value / (1.f + expf(-value)); });
13. }
```

对核心代码实现的描述如下。

第 1 行：获取当前的批次大小 batch_size，这是输入张量的数量。

第 2~5 行：循环处理每个输入张量。通过索引获取当前的输入张量 input 和对应的输出张量 output。

第 6~7 行：将 input 张量的数据赋值给 output 张量，以确保 output 张量的初始数据与 input 张量相同。

第 11~12 行：使用 Transform 方法对 output 张量的每个元素进行逐元素计算。这里的 Transform 方法会调用一个匿名函数来计算每个元素的 SiLU 激活值。

至此，我们实现了 SiLU 算子的核心功能。接下来，我们只需要把 SiLU 算子注册到系统中，就可以在模型中使用它了。

2. 编写 Concat 算子

仅仅补充 SiLU 算子还不能支持 YOLO 模型的推理，还需要补充 Concat 算子。Concat 算子的主要作用是将多个相同维度的特征图拼接在一起（通常是将多个张量沿通道维进行拼接），以便模型能够更好地理解和检测目标。具体来说，它帮助模型结合来自不同尺度和不同深度的信息，让模型在进行目标检测时既能看到整体的大图景，也能关注到细节。下面我们详细阐述其实现过程。

例如，有 4 个输入张量，它们的形状均为(1, 3, 32, 32)，沿通道维拼接后得到的输出张量的形状变为(1, 12, 32, 32)。

假设我们想要将多个张量进行拼接，每 4 个张量为一组，那么输入张量的数量必须能够被 4 整除，也必须是输出张量的数量的整数倍。具体到代码实现中，我们会进行以下检查。

- 检查输入张量数组是否为空，如果为空，则无法进行拼接操作。
- 检查输出张量数组是否为空，如果为空，则无法接收拼接后的结果。
- 检查输入张量的总数是否为输出张量数量的整数倍，如果不是，则说明输入张量和输出张量的个数不符合拼接的要求，此处多个输入张量沿通道维拼接形成一个输出张量。

Concat 算子拼接张量的过程如代码清单 8-21 所示，其中 outputs.size() 是按通道维拼接后得到的张量数量，inputs.size() 是参加拼接的输入张量的数量，inputs.size() 可以被 outputs.size() 整除。

代码清单 8-21　Concat 算子拼接张量的过程

```
1.  for (uint32_t i = 0; i < outputs.size(); ++i) {
2.      std::shared_ptr<Tensor<float>> output = outputs.at(i);
3.      uint32_t start_channel = 0;
4.
5.      for (uint32_t j = i; j < inputs.size(); j += output_size) {
6.          const std::shared_ptr<Tensor<float>>& input = inputs.at(j);
7.          ...
8.          uint32_t in_rows = input->rows();
9.          uint32_t in_cols = input->cols();
10.         const uint32_t in_channels = input->channels();
11.         ...
12.         const uint32_t plane_size = in_rows * in_cols;
13.         memcpy(output->raw_ptr(start_channel * plane_size), input->raw_ptr(),
14.             sizeof(float) * plane_size * in_channels);
15.         start_channel += input->channels();
16.     }
```

在上述代码中，我们通过通道维对多个输入张量进行分组拼接，每 output_size 个张量被视作一组，每组拼接的张量数量为 input_size/output_size（其中输入张量和输出张量的数量 inputs.size() 和 outputs.size() 分别记作 input_size 和 output_size）。输入张量的形状为 (input_channel, height, width)，而拼接后的输出张量的形状为 (output_channel, height, width)，其中 output_channel 等于 input_channel 乘以每组中被拼接的张量数。从第 13~14 行代码可以看出，我们逐个将同一个组的输入张量沿通道维拼接到对应的输出张量上，并以 start_channel * plane_size 计算当前的拼接偏移量（沿通道维），表示在输出张量中从哪个位置开始拼接输入张量的数据。

▶ Concat 算子的具体实现代码请参考 course8_resnetyolov5/source/layer/details/cat.cpp。

3. 编写上采样算子

上采样是一种处理图像的技巧，其主要功能是将特征图像的尺寸（包括宽度和高度）放大设定的倍数，这样模型就可以更清晰地看到图像中的细节。这里，我们采用最近邻插值法来完成上采样操作，这种方法通过复制邻近像素的值来扩大图像尺寸，具有简单高效的特点。上采样算子的实现相当简洁，如代码清单 8-22 所示。简单来说，输出图像中任一坐标 (x, y) 上的像素值，是通过复制输入图像中对应位置 (x/scale_w_, y/scale_h_) 的像素值得到的，其中 scale_w_ 和 scale_h_ 分别表示图像宽度和高度的缩放因子。

代码清单 8-22　上采样算子的实现

```
1.   StatusCode UpSampleLayer::Forward(
2.       const std::vector<std::shared_ptr<Tensor<float>>>& inputs,
3.       std::vector<std::shared_ptr<Tensor<float>>>& outputs) {
4.       const uint32_t batch_size = inputs.size();
5.       for (uint32_t i = 0; i < batch_size; ++i) {
6.           const arma::fcube& input_data = inputs.at(i)->data();
7.           auto& output_data = output->data();
8.           const uint32_t channels = input_data.n_slices;
9.           for (uint32_t c = 0; c < channels; ++c) {
10.              const arma::fmat& input_channel = input_data.slice(c);
11.              arma::fmat& output_channel = output_data.slice(c);
12.
13.              const uint32_t input_w = input_channel.n_cols;
14.              const uint32_t input_h = input_channel.n_rows;
15.
16.              for (uint32_t w = 0; w < input_w; ++w) {
17.                  const float* input_col_ptr = input_channel.colptr(w);
18.                  const uint32_t scaled_w = w * static_cast<uint32_t>(scale_w_);
19.                  for (uint32_t sw = 0; sw < static_cast<uint32_t>(scale_w_); ++sw) {
20.                      if (scaled_w + sw >= output_w) {
21.                          continue;
22.                      }
23.                      float* output_col_ptr = output_channel.colptr(scaled_w + sw);
24.                      for (uint32_t h = 0; h < input_h; ++h) {
25.                        const uint32_t scaled_h = h * static_cast<uint32_t>(scale_h_);
26.                          float* output_ptr = output_col_ptr + scaled_h;
27.                          float input_value = *(input_col_ptr + h);
28.                         for (uint32_t sh = 0; sh < static_cast<uint32_t>(scale_h_); ++sh) {
29.                              if (scaled_h + sh < output_h) {
30.                                  *(output_ptr + sh) = input_value;
31.                              }
32.                          }
33.                      }
34.                  }
35.              }
36.          }
```

对核心代码实现的描述如下。

第 6~7 行：依次获取输入张量数据和输出张量数据，分别将其命名为 `input_data` 和 `output_data`，并对它们的维度关系进行验证，因为在进行上采样操作时，需要确保输出张量的维度与输入张量的维度之比为缩放因子（scale factor）的整数倍。

第 9~14 行：遍历输入张量的每个通道，通过 `input_data.slice(c)` 提取该通道的数据，存储在 `input_channel` 中。然后，获取该通道数据的维度，包括宽度（`input_w`）和高度（`input_h`），为后续的矩阵运算提供通道数据及其维度信息。

第 17~23 行：确定输入通道和输出通道的列位置，分别标记为 `input_col_ptr` 和 `output_col_ptr`，它们分别用于在后续步骤中获取对应位置上的输入值和输出值。

第 24~33 行：在遍历过程中，我们通过将输入张量在宽度方向上的坐标 w 和在高度方向上的坐标 h 分别与缩放因子 scale_w 和 scale_h 相乘，来确定输入张量位于坐标(w, h)处的值需要被复制到输出张量中的一个特定区域，该区域左上角的坐标为(w * scale_w, h * scale_h)，右下角的坐标为(w * scale_w + scale_w - 1, h * scale_h + scale_h - 1)。此处 input_value 表示当前要从输入图像第 w 列第 h 行中复制的值，而 output_ptr 则指向输出张量中 input_value 值将被复制到的确切位置。

如果 scale_w_ 和 scale_h_的值是 3，那么说明缩放因子为 3，表示每个输入像素对应输出图像的 3×3 区域。如图 8-4 所示，3 作为一个输入值，会被复制到输出张量中的一个 3×3 的输出区域中，该区域的左上角坐标为(0, 0)，右下角坐标为(2, 2)。同理，4 作为一个输入值，会被复制到输出张量中的一个 3×3 的输出区域中，该区域的左上角坐标为(3, 3)，右下角坐标为(5, 5)。

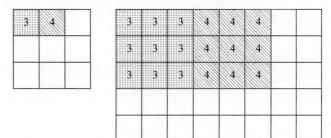

图 8-4　最近邻上采样的示例

▶ 上采样算子的具体实现代码请参考 course8_resnetyolov5/source/layer/details/upsample.cpp。

4．编写 YOLO 检测头算子

YOLOv5 的网络架构主要由两部分组成：特征提取网络和 YOLO 检测头（YOLO head）。特征提取网络由卷积层、激活层、池化层等组成，负责从输入图像中提取有用的特征信息。YOLO 检测头则是网络的最后几层，它基于特征提取网络输出的特征图来进行目标检测的预测工作。我们可以将 YOLO 检测头视为一个整体的算子，它主要实现以下几个功能。

(1) 预测框回归：YOLO 检测头通过对特征图应用卷积操作，得到每个预测框的精确位置和尺寸。这些预测框代表图像中可能出现物体的位置。

(2) 类别预测：除了对预测框的位置信息进行预测，YOLO 检测头还承担着对每个预测框进行类别预测的任务。它会生成一个向量，该向量包含了每个类别的置信度分数，用以表示每个预测框属于不同类别的可能性。

我们先来看看在 YOLOv5 原始项目中是如何在 PyTorch 中完成这部分计算过程的，如代码清单 8-23 所示。

代码清单 8-23　YOLOv5 原始项目中 YOLO 检测头的实现

```
1.  def forward(self, x):
2.      z = []  # 推理输出
3.      for i in range(self.nl):
4.          x[i] = self.m[i](x[i])  # 卷积操作
5.          bs, _, ny, nx = x[i].shape
6.          x[i] = x[i].view(bs, self.na, self.no, ny, nx) \
7.                  .permute(0, 1, 3, 4, 2).contiguous()  # 调整维度
8.          if not self.training:  # 推理阶段
9.              # 省略
10.         else:  # 检测 (仅处理框)
11.             xy, wh, conf = x[i].sigmoid().split((2, 2, self.nc + 1), 4)
12.             xy = (xy * 2 + self.grid[i]) * self.stride[i]  # xy 坐标
13.             wh = (wh * 2) ** 2 * self.anchor_grid[i]  # 宽高 (wh)
14.             y = torch.cat((xy, wh, conf), 4)
15.             z.append(y.view(bs, self.na * nx * ny, self.no))
```

对核心代码实现的描述如下。

第 4~6 行：先对输入特征图执行卷积操作（`self.m[i](x[i])`），然后对卷积结果 `x[i]` 进行形状调整，重新组织为 `(bs, self.na, self.no, ny, nx)`，使其符合后续处理步骤的要求。

第 11 行：对调整后的结果 `x[i]` 应用 Sigmoid 函数，该函数将特征图的输出值归一化到 $(0, 1)$ 区间。

第 12~13 行：对经过 Sigmoid 运算的特征图在最后一维进行切分，以分离出 `xy`、`wh` 和 `conf` 这 3 个部分。它们分别表示预测框的中心位置坐标、宽度和高度以及置信度。具体来说，`xy` 表示预测框的中心位置坐标，通过乘以 2 并加上 `self.grid[i]` 来调整位置，再乘以 `self.stride[i]` 进行缩放；`wh` 表示预测框的宽度和高度，通过乘以 2 再平方并乘以 `self.anchor_grid[i]` 来调整尺寸，而 `conf` 则表示模型认为某个预测框内包含目标对象的概率。

第 14 行：将 `xy`、`wh` 和 `conf` 的输出沿着最后一维进行拼接，得到最终的输出结果 `y`。这一过程是 YOLO 检测头中目标检测预测的关键步骤，它将预测框的位置、尺寸和置信度信息整合在一起，为后续的非极大值抑制（Non-Maximum Suppression，NMS）中对检测结果的选择提供依据。

下面我们将用 C++ 逐步还原这一过程，我们同样将它作为一个算子子类，如代码清单 8-24 所示。

代码清单 8-24　YOLO 检测头算子的实现

```
1.  std::vector<std::vector<sftensor>> stage_outputs(stages);
2.  for (uint32_t stage = 0; stage < stages; ++stage) {
3.      const std::vector<std::shared_ptr<Tensor<float>>>& stage_input =
4.          batches.at(stage);
5.      std::vector<std::shared_ptr<Tensor<float>>> stage_output(batch_size);
6.      const auto status =
```

```
7.          this->conv_layers_.at(stage)->Forward(stage_input, stage_output);
8.
9.      for (uint32_t b = 0; b < batch_size; ++b) {
10.         const std::shared_ptr<Tensor<float>>& input = stage_output.at(b);
11.         CHECK(input != nullptr && !input->empty());
12.         const uint32_t nx = input->rows();
13.         const uint32_t ny = input->cols();
14.         input->Reshape({stages, uint32_t(classes_info), ny * nx}, true);
15.         const arma::fcube &input_data_exp =
16.             1.f / (1.f + arma::exp(-input_data));
17.         arma::fmat &x_stages = stages_tensor->slice(b);
18.         for (uint32_t na = 0; na < num_anchors_; ++na) {
19.             x_stages.submat(ny * nx * na, 0, ny * nx * (na + 1) - 1,
20.                             classes_info - 1) = input_data_exp.slice(na).t();
21.         }
22.         const arma::fmat &xy = x_stages.submat(0, 0, x_stages.n_rows - 1, 1);
23.         const arma::fmat &wh = x_stages.submat(0, 2, x_stages.n_rows - 1, 3);
24.         x_stages.submat(0, 0, x_stages.n_rows - 1, 1) =
25.             (xy * 2 + grids_[stage]) * strides_[stage];
26.         x_stages.submat(0, 2, x_stages.n_rows - 1, 3) =
27.             arma::pow((wh * 2), 2) % anchor_grids_[stage];
28.
29.         uint32_t current_rows = 0;
30.         arma::fcube f1(concat_rows, classes_info, batch_size);
31.         for (std::shared_ptr<ftensor> stages_tensor : stage_tensors) {
32.             f1.subcube(current_rows, 0, 0,
33.                     current_rows + stages_tensor->rows() - 1,
34.                     classes_info - 1, batch_size - 1) = stages_tensor->data();
35.             current_rows += stages_tensor->rows();
36.         }
37.     ...
```

对核心代码实现的描述如下。

第 5~7 行：获取当前阶段的输入数据 `stage_intput` 并通过调用卷积层的 `Forward` 方法来执行卷积运算，将计算结果存储在 `stage_output` 中。

第 9~14 行：继续对卷积输出 `stage_output` 数组中的每个输出特征进行处理。`input->Reshape` 对应的是 `x[i].view` 函数，它们都用于调整卷积的输出张量，形状为(stages, classes_info, ny, nx)。随后对每个输出特征应用 Sigmoid 激活函数（相当于 Python 代码中的`x[i].sigmoid`），stages 表示检测层数。这一过程主要为后续计算锚框的位置和大小做准备。

第 18~21 行：对 input 张量进行逐通道转置，将其形状调整为(stages, ny, nx, classes_info)，并将调整后的数据存入变量 x_stages 中，x_stages 对应不同检测层的检测结果。

第 22~27 行：从 x_stages 中提取 xy 和 wh 矩阵，这些矩阵表示预测框的中心位置和尺寸信息；对 xy 矩阵进行坐标转换和缩放，以映射到原始图像的尺度上；对 wh 矩阵执行尺寸缩放操作，确保适应检测任务中的目标尺寸。对 xy 和 wh 的调整见第 24~27 行。

第 29~36 行：stage_tensors 记录了一个批次数据经过 YOLOv5 模型的 3 个不同检测头处理后，再经过上述流程处理得到的检测结果，这些输出表示使用不同尺寸和比例的锚框对输入图像中的物体进行检测的结果。随后，我们将重新拼接同一批次内 3 个检测头的输出，将其合并存放到变量 f1 中。stage_tensors 数组中的每个检测结果的形状分别为(1, 8, 19200, 85)、(1, 8, 4800, 85)和(1, 8, 1200, 85)。将它们拼接在一起后，得到的张量形状是(1, 25200, 85)，该张量将作为 YOLO 检测头针对一个批次数据的最终检测结果。

8.3.3　YOLOv5 模型的导出和运行

为了导出 YOLOv5 模型的计算图，我们首先使用 YOLOv5 项目中的 export.py 脚本中导出 TorchScript 类型的模型得到 YOLOv5s.pt，随后在命令行中执行以下命令进一步转换模型：

```
pnnx YOLOv5s.pt inputshape=[1,3,640,640] \
moduleop=models.common.Focus,models.yolo.Detect
```

moduleop 参数指定了需要转换的模块，这里是 models.common.Focus 和 models.yolo.Detect。

在命令行调用中，YOLOv5s.pt 是 YOLOv5 项目 export.py 导出的模型文件。通过该转换，我们将得到相应的.param 和.bin 文件。需要注意，转换中 inputshape=[1,3,640,640]表示输入的形状，并按照 NCHW 维度排列，所以在后续的推理中，我们需要将 YOLOv5 输入图像的大小调整为 640×640，并将批次大小设置为 1。

在所有准备工作就绪之后，我们将步入实现 YOLOv5 模型推理的环节。正如前文所述，我们首先需要加载模型的结构定义文件和权重文件，然后在计算图的构建方法 Build 中完成对所有计算节点的初始化、排序以及相关算子的初始化工作，之后便可以调用模型的 Forward 方法对一批输入数据进行预测处理。整个推理过程如代码清单 8-25 所示。

代码清单 8-25　YOLOv5 推理过程：加载模型、图像预处理与推理执行

```
1.   void YoloDemo(const std::vector<std::string>& image_paths,
2.              const std::string& param_path, const std::string& bin_path,
3.              const uint32_t batch_size, const float conf_thresh = 0.25f,
4.              const float iou_thresh = 0.25f) {
5.      using namespace kuiper_infer;
6.      const int32_t input_h = 640;
7.      const int32_t input_w = 640;
8.      RuntimeGraph graph(param_path, bin_path);
9.      graph.Build("pnnx_input_0", "pnnx_output_0");
10.     std::vector<sftensor> inputs;
11.     for (uint32_t i = 0; i < batch_size; ++i) {
12.         const auto& input_image = cv::imread(image_paths.at(i));
13.         sftensor input = PreProcessImage(input_image, input_h, input_w);
14.         inputs.push_back(input);
15.     }
```

```
16.        std::vector<std::shared_ptr<Tensor<float>>> outputs;
17.        outputs = graph.Forward(inputs, true);
18. }
```

对核心代码实现的描述如下。

第 8~9 行：加载 YOLOv5 模型，其中模型文件分别位于 `param_path` 和 `bin_path` 路径下。

第 12~13 行：使用 OpenCV 读取输入的图像，并调用 `PreProcessImage` 对图像进行预处理。预处理的流程已经在前文中详细介绍，这里不再赘述。

第 16~17 行：对预处理后的输入图像进行预测，并且得到输出张量数组 `outputs`，也就是模型对该批次输入图像的预测结果。

▶ 完整的实现代码请参考 course8_resnetyolov5/test/test_yolov5.cpp。

8.3.4　YOLOv5 模型输出的后处理

后处理流程通常是指在神经网络推理之后，对输出数据进行处理以得到最终可用的结果。YOLOv5 模型的后处理流程主要包括以下几个步骤。

(1) 获取模型输出。首先，我们需要获取 YOLOv5 模型的输出结果。对于一幅尺寸为 640×640 的图像，模型的输出是一个形状为 $(1, 25200, 85)$ 的张量，1 表示批次的大小，25200 是检测结果中针对该图像的所有预测框，85 表示预测框的位置、大小、置信度以及各个类别的概率。至此，我们已经得到了 YOLOv5 模型的预测输出，接下来要对预测输出中的每个结果进行处理。

(2) 筛选置信度较低的输出。对模型的预测输出进行后处理，过滤掉置信度较低的预测框。在输出结果的每个预测框中，对于形状为 $(1, 25200, 85)$ 的输出，每个条目的前 4 个维度代表预测框的位置和大小，第 5 个维度是置信度。为了确保仅保留那些具有较高置信度的预测框，我们将检查每个条目的置信度，并设置一个阈值，只有当预测框的置信度超过此阈值时，才会被保留下来。

(3) 执行非极大值抑制。在筛选出置信度较高的预测框之后，通常还需要根据置信度、类别以及预测框信息进行非极大值抑制，以此来消除针对同一目标的多个重复预测框。在这里，我们直接采用 OpenCV 内置的实现方式，尽管它与 YOLOv5 项目的实现略有差异，但影响并不大。

(4) 解码预测框坐标。由于输出结果中的预测框坐标是基于缩放后的图像计算得出的相对值，为了确保这些坐标能够准确反映在原始图像上，必须将这些相对坐标转换为在原始图像上的实际坐标。

(5) 结合每个预测框的置信度与类别概率来计算每个类别的最终置信度，从而确定每个预测框的最终类别。最后，我们将这些检测结果，包括每个预测框的位置、大小、所含物体的类别及相应的置信度绘制到原始输入图像上。

通过以上步骤，我们可以从 YOLOv5 模型的输出中得到经过处理的检测结果，包括预测框的位置、大小和每个框中物体的类别及其置信度。

代码清单 8-26 展示了一个 YOLOv5 模型输出的后处理的实现。

代码清单 8-26　YOLOv5 模型输出的后处理

```
1.  for (int i = 0; i < outputs.size(); ++i) {
2.      const auto &output = outputs.at(i);
3.      const auto &shapes = output->shapes();
4.
5.      const uint32_t elements = shapes.at(1);
6.      const uint32_t num_info = shapes.at(2);
7.      std::vector<Detection> detections;
8.
9.      std::vector<cv::Rect> boxes;
10.     std::vector<float> confs;
11.     std::vector<int> class_ids;
12.
13.     const uint32_t b = 0;
14.     for (uint32_t e = 0; e < elements; ++e) {
15.         float cls_conf = output->at(b, e, 4);
16.         if (cls_conf >= conf_thresh) {
17.             int center_x = (int)(output->at(b, e, 0));
18.             int center_y = (int)(output->at(b, e, 1));
19.             int width = (int)(output->at(b, e, 2));
20.             int height = (int)(output->at(b, e, 3));
21.             int left = center_x - width / 2;
22.             int top = center_y - height / 2;
23.             int best_class_id = -1;
24.             float best_conf = -1.f;
25.             for (uint32_t j = 5; j < num_info; ++j) {
26.                 if (output->at(b, e, j) > best_conf) {
27.                     best_conf = output->at(b, e, j);
28.                     best_class_id = int(j - 5);
29.                 }
30.             }
31.             boxes.emplace_back(left, top, width, height);
32.             confs.emplace_back(best_conf * cls_conf);
33.             class_ids.emplace_back(best_class_id);
34.         }
35.     }
36. }
```

对核心代码实现的描述如下。

第 3 行：获取 YOLOv5 模型每个批次的输出，记作 output。输出数据的维度为 25200×85，其中，25200 代表在多个检测层和锚框设计下生成的预测框总数，85 表示每个预测框的维度，包括 4 个位置参数（框的坐标和大小）、1 个置信度值，以及 80 个类别概率（在 COCO 数据集中共有 80 个类别）。

第 5~6 行：从输出张量 output 的形状属性 shapes 中获取预测框数量 elements 和每个预测框的维度 num_info，在本例中是 85 维。

第 15~16 行：获取每个预测框的置信度，并通过预设的阈值 conf_thresh 筛选出置信度较高的目标，低于阈值的预测框不进入后续处理。

第 25~33 行：遍历每个预测框中的第 5~85 个维度，这些维度的值代表了不同类别的概率。在这一过程中，我们将选择第 5~85 个维度中置信度最高的类别，并将该类别的信息、预测框的位置以及置信度数据存储到相应的数组中。在第 32 行，我们将最高类别置信度 best_conf 与类别置信度 cls_conf 相乘，得到最终的置信度，并将其存储到置信度数组 confs 中。

8.4 小结

本章先介绍了 3 个类型的计算节点，分别是用于接收模型外部输入数据的输入类计算节点、用于执行特定计算任务的常规类计算节点以及存放最终输出结果的输出类计算节点。当一个计算节点执行完成后，它生成的输出数据被传递给其所有的后继节点，作为后继节点的输入数据。然后，本章介绍了 ResNet 模型中所需的全连接算子的定义和实现，随后深入探讨了 KuiperInfer 中 ResNet 模型对输入图像进行推理的全流程，包括对数据的预处理、推理流程实现以及对输出的后处理。另外，本章还分析了 YOLOv5 模型推理过程中对数据的预处理方法及所需的关键算子的定义与实现，并详细讲解了如何通过这些步骤最终获得预测框的结果以及 YOLOv5 模型预测输出的后处理流程。

下一章，我们让自制推理框架支持大语言模型的推理，以 Llama 系列为例。

8.5 练习

(1) 请调试本章所介绍的流程代码。所有相关代码都放置在 course8_resnetyolov5/test 中的 test_resnet.cpp 和 test_yolov5.cpp 文件中。请从示例文件的第一行代码开始，逐行进行调试，分析每个方法中状态的变化。请仔细分析本章实现 ResNet 和 YOLOv5 推理的各个步骤，包括模型的加载、图像的加载、对输入的预处理等，以及模型中所有算子进行调度所执行的 graph.Forward 方法的实现。

(2) 请分析 ResNet 和 YOLOv5 模型中用到的算子的实现和计算过程，主要包括 SiLU 算子、Concat 算子、上采样算子、YOLO 检测头算子等，还有本章正文中没有涉及的 Flatten 展平算子和自适应池化算子。

第 9 章

支持大语言模型的推理

本章的核心目标是让自制深度学习推理框架 KuiperInfer 支持开源的大语言模型[1]Llama 2 的推理。为此，我们需要了解大模型的基本原理、内部架构及其关键模块的实现思路，尤其是 Llama 2 中关键模块的实现。通过学习本章内容，大家可以熟悉大模型的数据处理流程、整体架构，并进一步认识大模型中各个算子的计算细节和实现方法。

9.1 大模型简介

大模型是指通过在大规模数据集上预训练得到的一种参数量非常大的语言模型，通常包含数亿到数千亿个参数。大模型能够高效处理和生成文本信息，在机器翻译、情感分析以及文本摘要和生成等自然语言处理（Natural Language Processing，NLP）任务中表现尤为出色。此外，大模型还支持智能对话系统的开发，使系统能够与用户进行自然且流畅的对话，为用户提供问题解答和娱乐等服务。在知识图谱的构建和扩展方面，大模型也具备从多种信息源中提取和组织知识的能力，帮助用户更有效地探索和利用知识资源。总的来说，大模型为处理和理解大量文本信息提供了强有力的工具和技术支持，极大推动了人工智能技术的发展和应用。

2017 年，Ashish Vaswani 等人在论文“Attention is All You Need”中提出了一种名为 Transformer 的深度学习模型。Transformer 模型的出现让后续一系列大模型的开发成为可能，包括当前备受瞩目的 OpenAI 的 GPT 系列模型。毫不夸张地说，Transformer 模型的诞生是大模型发展过程中的里程碑事件，同时它也成为当前自然语言处理中最常见的模型之一。接下来，我们简单了解一下 Transformer 模型和 GPT 模型。

9.1.1 Transformer 模型

Transformer 模型的关键创新在于使用自注意力（self-attention）机制来捕捉输入序列中不同词元[2]之间的依赖关系，而不依赖于传统的长短期记忆网络（long short-term memory，LSTM）或

---

[1] 为表述方便，下文中将其简称为大模型。

[2] 在自然语言处理任务中，词元（token）是指构成文本的基本单位。在最简单的情况下，一个词元通常就是一个单词；有时候，文本会被拆分成更小的单位，如子词或词根也是一个词元；在某些情况下，词元还可能是单个字符。词元化是文本预处理的一个重要步骤，它为后续的词性标注、句法分析、机器翻译等任务提供了基础。通过词元化，计算机能够识别文本的结构，进而进行更深入的分析和处理。

卷积结构。

Transformer 模型由一个编码器（encoder）和一个解码器（decoder）组成。编码器将输入序列映射为中间特征表示，解码器则使用这个中间特征表示逐个生成输出序列中的词元。编码器和解码器都由多个相同的层堆叠而成，每一层均包括一个多头自注意力（multi-head self-attention）机制和一个前馈神经网络（feed forward neural network）。

- 编码器：编码器负责将输入序列中的每个词元（如单词或字符）映射为中间特征表示。随后利用多头自注意力机制，使模型能够关注到每个位置的词元与其他位置的词元的关联性，进而捕捉输入序列中不同位置之间的依赖关系。编码器通过堆叠多个自注意力层和前馈神经网络，逐步提取输入序列的高阶特征和复杂的依赖关系。而多头自注意力机制通过独立地计算不同的注意力"头"来增强模型的表达能力，使模型能够全面理解输入序列中的信息。
- 解码器：解码器的结构与编码器类似，它的作用是根据之前生成的词元和编码器提供的中间特征表示来预测下一个词元的概率分布，进而逐步生成目标序列。

9.1.2 GPT 模型

GPT（Generative Pre-trained Transformer，生成式预训练 Transformer）是由 OpenAI 提出的一种基于 Transformer 架构的生成模型，但在设计上与 Transformer 模型有所不同，主要体现在以下几点。

- 模型结构：Transformer 模型由编码器和解码器组成，而 GPT 模型仅使用解码器部分。GPT 模型通过自回归方式生成目标序列，即逐步生成每个位置的输出，并将前一时刻的输出作为后一时刻的输入。
- 自注意力机制：Transformer 模型中的编码器和解码器都采用双向注意力机制。在处理输入序列时，编码器能够同时兼顾前后文信息，这使得 Transformer 模型在需要双向上下文信息的任务（如机器翻译、文本理解）中表现出色。相比之下，GPT 模型采用单向注意力机制，即在处理序列中每个位置的词元时，只考虑当前位置之前的词元信息，这种单向性的特点让 GPT 模型在文本生成等任务中具有独特的优势，它能够依据已有的前置信息逐步构建出完整的文本内容。
- 预训练与微调：GPT 模型常常通过大规模预训练和微调的方式来达成目标。GPT 模型在预训练阶段的主要任务是语言建模，具体而言就是预测下一个词元。它能够通过在大规模的语料库上进行无监督学习，获得语言的一般模式和语义信息。也就是说，它可以在海量的新闻文章、小说、学术论文等文本数据上进行预训练，学习到单词之间的共现关系、语义相似性等。Transformer 模型并没有特定的预训练任务要求，更多地被用于直接监督学习任务，如机器翻译这类任务。

9.2　大模型的架构

我们以仅含解码器结构的 GPT 模型为例来看看大模型的架构（以 GPT-1 为例）。GPT-1 模型的架构如图 9-1 所示。我们将在下文中对核心模块的作用进行说明。

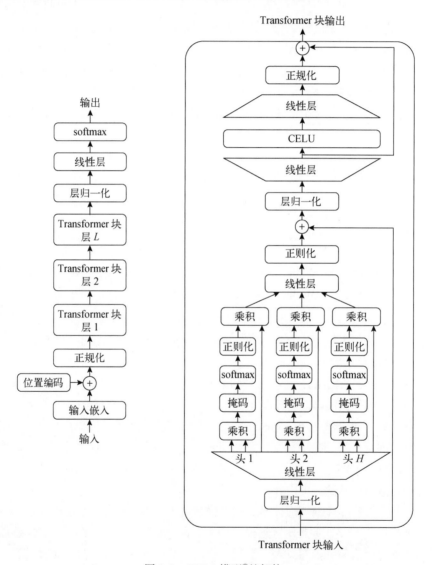

图 9-1　GPT-1 模型[①]的架构

---

① 图片来自维基百科，原始论文"Improving Language Understanding by Generative Pre-Training"中没有给出整体架构，只给出了 GPT-1 中的 Transformer 解码器图示。

9.2.1 输入嵌入

在自然语言处理任务中，模型首先要对输入的文本进行编码，这是通过查找嵌入矩阵来完成的。嵌入矩阵的每一行都存储了模型在训练过程中学习到的所有词元对应的向量表示，每个词元都对应着唯一的向量。当模型接收一个词元作为输入时，会先将其转换为整数索引，再通过嵌入矩阵和整数索引找到这个词元的向量表示，这个向量表示将被用于后续的模型计算与处理。

模型的输入可以是一段或者多段文本，而这些文本通常由词元组成。对于模型而言，首先要依据词表（vocabulary）的定义对输入的文本进行切分，从而得到词元序列，然后把词元序列编码转换为整数索引序列，最后经由嵌入矩阵把单个整数索引序列映射为输入矩阵，输入矩阵的每一行都是序列中词元对应的向量，我们在下文中称其为嵌入向量。

为了更直观地理解这个概念，我们来看一个简单的例子。假设模型所使用的词表包含 256 个不同的词元，包括用于表示句子开始、结束以及填充等特殊用途的词元，每个词元对应的嵌入向量维度是 D 维，所以词表中嵌入矩阵的大小是 256 行 $\times D$ 列。当我们需要找到某个特定词元的向量表示时，只需根据该词元的整数索引在词表中提取对应的向量即可，于是我们就得到了模型的输入矩阵，然后将其用于后续的计算。

以 GPT 模型为例，它处理的输入是由 N 个词元组成的序列，输出是对下一个最有可能出现的词元的预测，即根据给定的输入序列预测出现概率最大的一个词元。例如，如果输入序列为 How are you，GPT 模型预测下一个词元是 doing。如果我们想要生成更多的文本，则需要将预测的新词元放入原序列的末尾，即将输入序列调整为 How are you doing，然后把这段文本编码转换为序列索引，再依次将词元映射成输入矩阵，之后再次运用模型来预测下一个词元。不断重复这一过程，直至生成的文本达到预设的长度或者生成了结束标识符。

9.2.2 位置编码

位置编码（positional encoding）是 GPT 模型中的一种关键技术，为模型提供了位置信息，使得模型能够更好地理解输入序列中词元的位置信息。与传统的循环神经网络（RNN）按序列顺序处理数据不同，GPT 模型通过位置编码来识别每个词元在序列中的具体位置。也就是说，模型把输入序列对应的特征矩阵传递给模型内的第一个 Transformer 模块之前，还需将它的每一行分别与对应的位置编码向量相加。此后，特征矩阵每个位置对应的向量不仅包含词元的语义信息，还包含其所在的序列中的位置信息。结合了语义和位置信息的特征矩阵随后被用于模型的自注意力机制和其他模块的计算，帮助模型理解词元之间的关系以及它们在序列中的顺序。

那么，我们应如何计算一个输入序列的位置编码呢？位置编码的计算公式如下所示。

对于偶数维度 2*i*：

$$\text{PE}\left(pos, 2i\right) = \sin\left(\frac{p}{10000^{\frac{2i}{d}}}\right)$$

对于奇数维度 2*i*+1：

$$\text{PE}\left(pos, 2i+1\right) = \cos\left(\frac{p}{10000^{\frac{2i}{d}}}\right)$$

公式中相关变量及常量的简单介绍如下。

- *pos*：输入序列中词元的位置索引，从 0 开始计数。例如，序列中第 1 个词元的位置为 0，第 2 个词元的位置为 1，以此类推。
- *i*：位置编码的维度索引。因为位置编码的维度与每个词元对应的嵌入向量的维度一致，所以 *i* 的范围为 0~*d*-1。
- *d*：位置编码的总维度，也就是每个词元对应的嵌入向量的维度。
- 10000：一个常数基数，用于规范化位置索引。选择 10000 是为了确保位置编码在不同维度上的变化范围平滑且广泛。

对于位置索引为 *pos* 的词元，偶数维度（2*i*）上的位置编码是通过正弦函数计算的；奇数维度（2*i*+1）上的位置编码是通过余弦函数计算的。这两个公式确保了每个词元的位置编码在各个维度上都有不同的值，这有助于模型捕捉到不同词元在输入序列中的相对位置关系。

9.2.3 自注意力机制

自注意力机制是大模型中的一个核心概念，它通过不同的变体来适应不同的应用场景。我们将介绍 3 种类型的自注意力机制。

1. 普通自注意力机制

普通自注意力机制是自注意力机制的基本形式，它通过计算输入序列中各词元之间的关系，使模型能够捕捉到词元间的依赖性，并重点关注重要的部分。

对于长度为 *seq* 的输入序列，每个词元都会被映射成一个维度为 *dim* 的向量（输入嵌入向量），整个输入序列可表示为一个大小为 *seq* × *dim* 的输入特征矩阵，其中每行对应一个词元的向量。

在普通自注意力机制中，模型使用 3 个不同的权重矩阵对输入特征矩阵进行线性变换，分别是查询权重矩阵（W_q）、键权重矩阵（W_k）和值权重矩阵（W_v）。它们是实现自注意力机制的关键矩阵，分别用于将输入特征矩阵映射为查询矩阵（Q）、键矩阵（K）和值矩阵（V）。三者均为中间结果矩阵，其维度为 $dim \times d_k$、$dim \times d_k$、$dim \times d_v$（在默认实现中，键向量、值向量的维度与输入嵌入向量的维度相同，但实际情况通常不同）。

将输入特征矩阵分别与权重矩阵 W_q、W_k、W_v 相乘，可以得到查询矩阵 Q、键矩阵 K 和值矩阵 V。

- ❑ 查询矩阵 Q：表示模型当前关注的兴趣点，即需要查询的信息。
- ❑ 键矩阵 K：表示输入序列中每个位置能够提供的信息。
- ❑ 值矩阵 V：表示输入序列中每个位置的实际内容。

在自注意力机制中，查询矩阵 Q 与键矩阵 K 通过点积计算相似度，并通过 softmax 转换为权重，用于加权值矩阵 V，最终得到综合表示。

我们可以按照以下步骤，通过输入序列计算自注意力的输出。

(1) 计算注意力分数。将 Q 与 K 的转置相乘（QK^{T}），再除以缩放因子 $\sqrt{d_k}$，得到一个大小为 $seq \times seq$ 的矩阵。这个结果矩阵表示序列中每对词元之间的相似度，也称为注意力分数，将其记作 S（Scores）。这一步是下一步计算自注意力权重的核心步骤之一。

(2) 归一化。对计算得到的 S 矩阵应用 softmax 函数进行归一化处理。softmax 函数将分数转换为概率分布，用于表示各个词元位置对于当前查询的重要性，即自注意力权重。这一步确保了词元的权重总和为 1。

(3) 加权求和。使用归一化后的 S 矩阵对 V 进行加权求和，得到一个大小为 $seq \times dim$ 的结果矩阵。这一步将每个词元的表示与其他词元的特征整合起来，并根据它们的重要性对特征进行加权处理。经过自注意力机制的计算后，每个词元的最终表示不仅包含自己的原始信息，还融合了其他词元的信息，而且这种融合是根据其他词元对该词元的重要程度来进行的。

综合以上步骤，我们可以使用以下公式表示自注意力输出的计算过程：

$$\text{Attention}\left(Q, K, V\right) = \text{softmax}\left(\frac{QK^{T}}{\sqrt{d_k}}\right)V$$

其中 $Q = W_q x$，$K = W_k x$，$V = W_v x$，x 为输入序列对应的特征矩阵，d_k 是键向量的维度。

2. 多头自注意力机制

多头自注意力机制将单一的自注意力机制切分为多个并行的自注意力机制，每个独立的自注意力机制被称为一个"头"。每个头都有各自的查询矩阵、键矩阵和值矩阵。

我们可以按照以下步骤，通过输入序列计算多头自注意力的输出。

(1) 计算查询矩阵、键矩阵和值矩阵：

$$Q_i = W_{q_i} x, \ K_i = W_{k_i} x, \ V_i = W_{v_i} x$$

其中 W_{q_i}、W_{k_i}、W_{v_i} 分别为第 i 个注意力头的权重矩阵，x 表示输入矩阵。

(2) 独立计算每个头的注意力输出：

$$O_i = \text{Attention}\left(Q_i, K_i, V_i\right) = \text{softmax}\left(\frac{Q_i K_i^{\text{T}}}{\sqrt{d_k}}\right) V_i$$

其中 d_k 是每个注意力头的键向量的维度。

(3) 拼接所有头的输出：

$$\text{Multihead}\left(Q, K, V\right) = \text{Concat}\left(O_1, O_2, \cdots, O_h\right)$$

其中 h 表示多头注意力机制中头的个数。

3. 掩码自注意力机制

在某些任务中，尤其是自回归语言模型的训练中，模型在生成当前词元时需要避免考虑该词元之后的词元，以防模型在生成过程中"看到"未来的词元，这可能导致信息泄露。因此，掩码自注意力机制被引入，用于在计算注意力分数时屏蔽未来的词元，从而确保模型生成的每个词元只依赖于已生成的词元。具体来说，掩码自注意力机制在计算 QK^{T} 时添加一个掩码矩阵 M。这个矩阵的大小为 $seq \times seq$，其中，矩阵中的上三角部分（即未来位置）被设置为负无穷，表示这些位置的注意力被掩盖，从而不被考虑。这样，模型只能关注当前位置之前（包括当前位置）的词元，而无法获取未来词元的信息。

我们可以按照以下步骤，通过输入序列计算掩码自注意力的输出。

(1) 构建掩码矩阵 M。根据输入序列的长度（seq）构建一个掩码矩阵 M，使得 $M_{ij} = 0$。M_{ij} 表示矩阵 M 中第 i 行第 j 列的元素，i 表示当前处理的词元的位置（行），也就是当前时间步的词元；j 表示该时间步内的其他词元的位置（列）。当 $i \geqslant j$ 时，表示允许当前词元和之前的词元计算注意力；而当 $i < j$ 时，设置 $M_{ij} = -\infty$。这样就能使模型只关注当前位置之前的词元，而忽略当前位置之后的词元。

(2) 修改注意力分数矩阵 S。将计算出的 QK^{T} 矩阵与掩码矩阵 M 相加，得到修改后的分数矩阵 S_{masked}，这样，掩码矩阵中的负无穷会使得被掩盖的未来位置的分数变为负无穷大，从而阻止这些位置参与注意力计算。

$$S_{\text{masked}} = S + M$$

(3) 归一化。对分数矩阵应用 softmax 函数进行归一化处理，得到注意力权重矩阵。由于被掩盖位置的分数是负无穷，经过归一化处理后，其对应的权重几乎为零，从而确保模型不会关注这些未来的词元。

$$A = \mathrm{softmax}\left(\boldsymbol{S}_{\mathrm{masked}}\right)$$

(4) 加权求和。使用归一化后的分数矩阵对值矩阵 $\boldsymbol{V}$ 进行加权求和，得到一个大小为 $seq \times dim$ 的结果矩阵（记为 $\boldsymbol{O}$），作为掩码自注意力机制的输出。

$$\boldsymbol{O} = \mathrm{softmax}\left(\frac{\boldsymbol{Q}\boldsymbol{K}^{\mathrm{T}}}{\sqrt{d_{\mathrm{k}}}} + \boldsymbol{M}\right)\boldsymbol{V}$$

掩码自注意力机制在自然语言处理领域，特别是语言模型的训练和文本生成任务中具有广泛的应用。它通过对模型的注意力范围加以限制，保证在结果生成过程中遵循实际的顺序和逻辑关系，从而提高了模型的性能和生成质量。

9.2.4 前馈神经网络层

前馈神经网络层在 GPT 模型中的主要作用是通过非线性变换和多个全连接层，增强每个位置的表示能力，从而提升模型对输入序列复杂关系的建模能力。GPT 模型中的前馈神经网络层通常由 2 个全连接算子和 1 个（非线性）激活函数组成，其中激活函数应用在第 1 个全连接算子的输出上，第 2 个全连接算子是一个线性变换。包含 2 个全连接算子和 1 个激活函数的前馈神经网络层的结构可简单表示如下。

(1) 输入特征矩阵：模型接收来自上一层或输入数据的初始特征矩阵。

(2) 全连接算子 1：通过与输入特征矩阵相乘，提升特征维度。例如，如果输入特征矩阵的维度是 dim，则全连接算子 1 的输出维度是 $hidden\ dim$（即隐藏层维度），其中 $hidden\ dim$ 是超参数，通常远大于 dim。当隐藏层维度设置得较大时，模型就有更多的参数来拟合复杂的函数关系。

(3) 激活函数：全连接算子 1 的输出通过一个非线性激活函数（如 ReLU、sigmoid 等）引入非线性特性，以确保模型可以拟合更加复杂的数据分布和函数关系，而不仅仅是单一的线性变换。

(4) 全连接算子 2：将激活后的特征维度从 $hidden\ dim$ 压缩回原始维度 dim，得到最终的输出特征矩阵。

9.2.5 键–值对缓存

自注意力机制使得每个词元都能注意到序列中的其他所有词元，这对捕捉上下文信息非常重要。然而这也带来了计算效率的问题，因为每次生成新词元都需要重复计算之前所有词元的注意力分数。回顾一下前面的注意力分数矩阵（$\boldsymbol{S} = \boldsymbol{Q}\boldsymbol{K}^{\mathrm{T}}$），这个矩阵展示了每个词元相对于其他词元的重要性，也就是注意力权重。鉴于 GPT 模型是自回归的，其下一个输入序列将包含之前的序列以及新生成的词元。如果按照标准流程计算注意力分数，就会遇到重复计算的问题。

键–值对缓存是一种用于避免重复计算的优化机制，其核心是缓存和拼接先前步骤计算得到的键矩阵和值矩阵，避免在每一步计算中重复处理。其工作原理介绍如下。

1. 初始设置与输入序列增长

假设初始输入序列的长度为 1，我们前面假设过每个词元都会被映射成一个维度为 dim 的向量，则初始序列的维度为 $1 \times dim$。在每次自回归的计算过程中，我们会将前一次预测的单词词元加入输入序列中。因此，在第 k 次计算时，输入序列的长度将变为 k，维度为 $k \times dim$。这表明随着计算次数的增加，输入序列的长度和维度都在增加，从而可能引起重复计算。

2. 查询矩阵的计算与使用

在第 k 次计算时，我们使用当前步骤的查询矩阵（$\boldsymbol{Q}_k$），即第 k 个词元的查询向量。

3. 键矩阵的参与与拆分

每一步计算中都需要使用键矩阵，我们可以将它分为两部分：第一部分是维度为 $(k-1) \times dim$ 的 key1，包含前 $k-1$ 步计算中得到的键；第二部分是维度为 $1 \times dim$ 的 key2，由当前步的词元计算得到。为了提升计算效率，我们将 key1 矩阵存储在缓冲区中。在进行第 k 步计算时，我们将缓冲区中的 key1 矩阵与刚刚计算得到的 key2 矩阵拼接，以构建完整的键矩阵。

4. 值矩阵的拆分与拼接

我们将值矩阵也分为两部分：第一部分是维度为 $(k-1) \times dim$ 的 values1，包含前 $k-1$ 步中逐步计算出的值；第二部分是维度为 $1 \times dim$ 的 values2，表示当前步骤中词元的值。我们将 values1 矩阵存储在一个缓冲区中，以便后续使用。在进行第 k 步计算时，我们从缓冲区中取出 values1 矩阵与当前步词元计算得到的 values2 矩阵拼接，以形成完整的值矩阵。

5. 注意力分数计算结果的获取

我们将当前的查询矩阵与拼接后完整的键矩阵相乘，得到注意力分数矩阵。然后，将注意力分数矩阵与值矩阵相乘，得到最终的注意力分数计算结果。

6. 缓存的利用与更新

总的来说，我们将前 $k-1$ 步计算得到的 key1 矩阵和 values1 矩阵存储在同一缓存中。当进行到第 k 步的时候，我们将它们从缓存中取出，使其分别与当前步骤计算所得的 key2 矩阵和 values2 矩阵进行拼接，进而形成完整的键矩阵和值矩阵。通过这种方式，并借助一定的存储空间，避免了冗余计算。此外，当前步骤中计算得到的 key2 和 value2 矩阵也将被存入缓存中，因为它们将在第 $k+1$ 步的计算中被作为前 k 步的键和值结果使用。

9.2.6　残差连接与层归一化

在 GPT 模型中，残差连接和层归一化是两种关键的优化技术，显著提升了模型的训练效率和最终性能。

1. 残差连接

残差连接（residual connection）的主要作用是将特定模块的输入和该模块的输出相加。对于自注意力层或前馈神经网络，其输出都会与原本的输入相加，形成残差连接。这种设计使得 GPT 模型在训练过程中更加稳定，同时提高了模型的收敛速度。

2. 层归一化

层归一化（layer normalization）负责调整每一层输入的分布，使其更加稳定。对输入特征进行归一化处理，有助于减少内部协变量偏移，使得模型更加容易训练。在 GPT 模型中，层归一化算子通常应用于残差连接之后，进一步稳定了模型的训练过程。

9.2.7　解码

在 GPT 模型中，解码是生成文本的最后阶段，它将模型的最终输出特征矩阵转换为预测词元。以下是解码的关键步骤。

(1) 特征矩阵转换。经过自注意力层、层归一化算子和前馈神经网络层处理后，我们得到一个维度为 $seq \times dim$ 的特征矩阵。为将其转换为表示词元预测概率的矩阵，需要使用一个尺寸为 $dim \times vocab\_size$ 的全连接算子。这个全连接算子将特征矩阵的维度从 $seq \times dim$ 转换为 $seq \times vocab\_size$，其中 $vocab\_size$[①]是词表中词元的总数。

(2) 预测概率矩阵。经过全连接转换的矩阵维度为 $seq \times vocab\_size$。在这个矩阵中，每一行代表一个输入序列，其中各个位置的分数反映了模型对词表中所有词元的预测得分，这些预测得分是模型选择当前输出词元的依据。

(3) 基于概率分布的采样。在解码的最后一步，模型根据步骤(2)中得到的预测概率分布生成下一个词元。首先，通过对预测得分进行归一化处理得到概率分布，然后使用基于该分布的采样策略从中选择一个词元。

通过这种采样策略，GPT 模型能够生成更加自然和多样化的文本。在实际应用中，选择合适的参数配置有助于在生成质量和计算效率之间找到平衡。

---

① $vocab\_size$（词表大小）指的是模型可以识别和生成的词元的数量。词表（vocabulary）是模型用于表示语言的所有可能词元的集合。例如，如果模型的词表包含 100 000 个词元，那么 $vocab\_size$ 就是 100 000。

9.3 Llama 2 的关键实现

Llama 2 是 Meta 于 2023 年 7 月 19 日推出的一个先进的开源大模型。作为 Llama 1 的升级版，该模型在不同参数级别上都有显著提升，包括 70 亿、130 亿和 700 亿等参数的版本，以满足各种复杂任务的需求。和 GPT 模型一样，Llama 2 也是基于 Transformer 架构的模型，并且只使用了 Transformer 模型的解码器部分。

我们选择让自制深度学习推理框架支持 Llama 2 的原因主要是 Llama 2 的开源程度高，并且在商业和研究等领域广受欢迎。Meta 不仅公开了 Llama 2 模型的权重，还在 GitHub 上给出了对应模型的结构，具体地址为 https://github.com/facebookresearch/llama。

为了更好地支持 Llama 2 推理的实现，我们先结合源代码，学习 Llama 2 的关键功能模块的实现，再详细了解 Llama 2 的完整架构。

9.3.1 均方根归一化

Llama 2 模型采用均方根归一化（Root Mean Square Normalization，RMSNorm）技术。与层归一化技术侧重于计算输入特征的均值和方差来进行归一化的方式有所不同，该技术通过先计算输入特征的平方和，在取平均后开平方得到一个归一化因子来完成归一化操作。均方根归一化技术能更好地应对特征维度之间差异较大的情况。Llama 2 中 `RMSNorm` 类的实现如代码清单 9-1 所示。

代码清单 9-1　Llama 2 中 `RMSNorm` 类的实现

```
1.  class RMSNorm(torch.nn.Module):
2.      def _norm(self, x):
3.          return x * torch.rsqrt(x.pow(2).mean(-1, keepdim=True) + self.eps)
4.
5.      def forward(self, x):
6.          output = self._norm(x.float()).type_as(x)
7.          return output * self.weight
```

在 PyTorch 框架中，每一个计算节点均通过调用 `forward` 方法进行计算，RMSNorm 算子也不例外。在代码清单 9-1 的第 5 行中，`forward` 方法接收输入张量 x，其形状为 (`bsz`, `seqlen`, `dim`)，其中 `bsz` 是每次处理的输入序列数量，`seqlen` 代表一个序列中的词元数量，而 `dim` 表示序列中每个词元所对应的向量的维度。

值得强调的是，均方根归一化是在样本内部进行的，其核心原理是先求出输入中各词元对应的向量中所有元素的均方根值（Root Mean Square，RMS），再依据此值对所有元素进行缩放，从而实现对特征尺度的规范化。这种方式不仅有效解决了内部协变量偏移的问题，而且保障了不同样本之间的独立性。RMSNorm 的计算公式如下所示：

$$f\left(a_i\right)=\frac{a_i}{\mathrm{RMS}\left(a_i\right)}\boldsymbol{g}_i, \ \mathrm{RMS}\left(a_i\right)=\sqrt{\frac{1}{n}\sum_{i=1}^{n}a_i^2}$$

在上述公式中，a_i 代表 RMSNorm 算子的输入，而 $\boldsymbol{g}_i$ 是 RMSNorm 算子中的一个可学习权重，在输出之前需要将归一化结果乘以权重 $\boldsymbol{g}_i$。总体而言，RMSNorm 的计算过程可以概括为以下几个步骤。

(1) 对输入序列词元对应的向量的所有元素求平方和。

(2) 计算该平方和在其维度上的平均值。

(3) 对这个平均值开平方，得到归一化因子。

(4) 将输入序列中所有词元对应的向量与归一化因子相乘，得到归一化后的结果。

我们再仔细观察一下代码清单 9-1 中第 3 行的表达式 `torch.rsqrt(x.pow(2).mean(-1, keepdim=True) + self.eps)`，该表达式所计算的是输入对应的均方根归一化因子，将该因子与原始输入张量 x 相乘，便能得到 RMSNorm 的中间结果。在 `forward` 方法返回最终结果之前，我们还需要将这个中间结果乘以一个可学习的权重 $\boldsymbol{g}_i$，如此便得到了最终的输出，这与前面所描述的计算步骤是一致的。另外，这里的 `self.eps` 是一个极小的常数，它的作用是在求平方根时提供数值稳定性，避免出现分母为零的情况。

9.3.2　自注意力机制

前文提到，自注意力机制的核心原理是先计算查询矩阵和键矩阵的相似度分数，然后使用这个分数对值矩阵进行加权求和。下面我们将详细介绍 Llama 2 中的自注意力机制的计算过程。

1. 计算查询矩阵、键矩阵和值矩阵

(1) 查询矩阵：形状为(*bsz*, *seqlen*, *dim*)，各项解释如下。

□ *bsz*（batch size）：表示一次输入中的样本数量，由于深度学习模型通常会在训练和推理过程中进行批处理，因此一次会处理多个样本。在这里，*bsz* 可以看作一次处理的输入序列数量。

□ *seqlen*：表示输入序列中词元的数量。例如，如果输入序列是一个句子或一段文本，*seqlen* 表示这段文本中包含的词元数量。

□ *dim*：表示特征的维度大小。通过线性变换后的每个词元都会被表示为一个具有 *dim* 维的向量。

(2) 键矩阵：键矩阵是通过对当前时刻输入序列中的所有词元以及历史缓存中的上下文信息映射而得到的，因此形状为(*bsz*, *seqlen+cache_len*, *dim*)，其中 *cache_len* 代表历史缓存中存储的上下文长度（以词元为单位）。

（3）值矩阵：其构成原理与键矩阵类似，一部分来源于当前输入序列的词元映射，另一部分来源于历史缓存中的上下文信息映射。

接下来，我们结合 Llama2 模型的代码结构，具体分析查询矩阵、键矩阵和值矩阵的计算过程，如代码清单 9-2 所示。

代码清单 9-2　查询矩阵、键矩阵和值矩阵的计算过程

```
1.  xq, xk, xv = self.wq(x), self.wk(x), self.wv(x)
2.  xq = xq.view(bsz, seqlen, self.n_local_heads, self.head_dim)
3.  xk = xk.view(bsz, seqlen, self.n_local_kv_heads, self.head_dim)
4.  xv = xv.view(bsz, seqlen, self.n_local_kv_heads, self.head_dim)
```

对核心代码实现的描述如下（这里用输入张量指代自注意力模块的输入）。

第 1 行：计算查询矩阵、键矩阵和值矩阵。输入张量 x 的形状为(bsz, seqlen, dim)，它通过权重矩阵 wq、wk 和 wv 分别进行线性变换，生成查询矩阵 xq、键矩阵 xk 和值矩阵 xv。

第 2~4 行：查询矩阵、键矩阵和值矩阵分别进行多头分解，其中 self.n_local_heads 表示局部头的数量，self.n_local_kv_heads 表示用于键和值计算的局部头的数量。

2. 键矩阵和值矩阵的拼接

我们在 9.2.5 节中提到，键矩阵由两部分组成：第一部分 key1 代表当前处理的词元经线性映射得到的键矩阵；第二部分 key2 则表示历史序列经线性映射得到的键矩阵，它们的长度分别为 *seqlen* 和 *cache_len*。为了避免重复计算，我们会在缓冲区中保存键矩阵的第二部分 key2，从而提高效率。代码清单 9-3 第 3 行中得到的键矩阵就是完整的键矩阵，它由两部分拼接组成，其中，self.cache_k[:bsz, start_pos: start_pos + seqlen]被更新为 key1 的结果 xk，同时缓存中存储的历史部分（key2）被保留。值矩阵的拼接同理。

代码清单 9-3　键矩阵和值矩阵的拼接

```
1.  self.cache_k[:bsz, start_pos: start_pos + seqlen] = xk
2.  self.cache_v[:bsz, start_pos: start_pos + seqlen] = xv
3.  keys = self.cache_k[:bsz, : start_pos + seqlen]
4.  values = self.cache_v[:bsz, : start_pos + seqlen]
```

换句话说，key2 所存储的是从输入序列起始位置直至当前时刻，所有词元经过线性映射后所形成的键矩阵。每当完成当前时间步的注意力机制计算后，我们都会将当前时间步的键向量更新到相应的缓存区域。这样，在后续时间步的计算中，就能直接复用这些计算好的特征，从而有效避免不必要的重复计算。

3. 计算注意力分数

在计算注意力分数时，首先将查询矩阵与键矩阵的转置形式进行矩阵乘法，得到注意力分数矩阵。这是自注意力机制中非常关键的一步，因为注意力分数矩阵反映了每个词元与其他词元之间的联系。如果任意两个词元之间的注意力分数较高，那么在生成当前步的预测时，模型就会更加注重这两个词元之间的联系；反之，若分数较低，则在预测的过程中，这两个词元之间联系的重要性就相对较低。

计算注意力分数的实现如代码清单 9-4 所示。

代码清单 9-4　计算注意力分数的实现

```
1.  keys = keys.transpose(1, 2)  # 调整键矩阵的形状
2.  scores = torch.matmul(xq, keys.transpose(2, 3))  # 计算注意力分数
3.  scores = scores / math.sqrt(self.head_dim)  # 缩放注意力分数
```

对核心代码实现的描述如下。

第 1 行：调整键矩阵的形状。键矩阵（keys）的初始形状为(bsz, seqlen + cache_len, local_heads, head_dim)，经过转置后，其形状变为(bsz, local_heads, head_dim, seqlen + cache_len)，为后续矩阵乘法做好准备。

第 2 行：通过矩阵乘法计算注意力分数矩阵。使用矩阵乘法将查询矩阵（xq）与转置后的键矩阵（keys.transpose(2, 3)）相乘，得到注意力分数矩阵 scores，其形状为(bsz, local_heads, seqlen, seqlen + cache_len)。

第 3 行：缩放注意力分数。将 scores 除以 head_dim 的平方根，以缩放注意力分数，避免在 softmax 操作时出现数值不稳定的问题。

4. 计算最终输出

计算最终输出的实现如代码清单 9-5 所示。

代码清单 9-5　计算自注意力机制中的最终输出

```
1.  scores = F.softmax(scores.float(), dim=-1).type_as(xq)
2.  values = values.transpose(1, 2)
3.  output = torch.matmul(scores, values)
4.  output = output.transpose(1, 2).contiguous().view(bsz, seqlen, -1)
```

对核心代码实现的描述如下。

第 1 行：计算注意力权重（softmax 归一化）。对计算得到的 scores 矩阵进行 softmax 归一化处理。softmax 操作将 scores 矩阵中的每一行转换为概率分布，使得每个词元对其他词元的注意力权重之和为 1。这里的 dim=-1 表示对最后一维（即任意词元对应的向量的维度）进行归一化。经过 softmax 操作后就得到一个概率分布，表示每个词元对其他词元的注意力权重。

第 2 行：调整值矩阵的形状。将 values 矩阵的第 1 轴和第 2 轴进行转置，以匹配注意力分数矩阵的形状。原始的 values 矩阵的形状为(bsz, seqlen + cache_len, local_heads, head_dim），转置后的形状变为(bsz, local_heads, seqlen + cache_len, head_dim)。这样做是为了进行矩阵乘法计算。

第 3 行：计算加权特征表示（矩阵乘法）。将注意力分数矩阵（scores）与值矩阵（values）相乘，得到加权后的特征表示矩阵 output。scores 的形状是(bsz, local_heads, seqlen, seqlen + cache_len)，而 values 的形状是(bsz, local_heads, seqlen + cache_len, head_dim)。执行矩阵乘法后，结果的形状是(bsz, local_heads, seqlen, head_dim)，其中每个词元的特征都经过了与其他词元的注意力分数加权。

第 4 行：合并多头自注意力的结果。首先，将 output 矩阵的第 1 轴和第 2 轴进行转置，使得形状变为(bsz, seqlen, local_heads, head_dim)。然后，通过 contiguous()和 view()函数将其展平为最终的输出矩阵，形状为(bsz, seqlen, dim)，其中 dim = local_heads * head_dim。这一操作的目的是将所有注意力头的输出合并在一起，形成最终的注意力输出表示。

9.3.3　前馈神经网络层

在 9.2.4 节中我们曾提到，前馈神经网络层是大模型中的核心组件之一，它的作用在于对来自上一层的特征进行非线性变换。一个前馈神经网络层通常包含数个全连接算子，在两个全连接算子之间有一个激活函数，如 ReLU、GELU 等。第一个全连接算子会升高输入向量的维度，第二个全连接算子则把维度降低回原始大小。激活函数引入了非线性的复杂性，这使得模型能够学习更为复杂的输入数据之间的关系，而这种关系是简单的线性变换无法捕捉的。总的来说，在高维空间中的变换增强了模型对复杂模式的学习能力，尤其是在模型处理自然语言这样的序列数据时，这种变换更有助于模型理解词语组合背后的语义和句法信息。

我们来看看 Llama 2 中前馈神经网络层 FeedForward 的实现，如代码清单 9-6 所示。

代码清单 9-6　Llama 2 中前馈神经网络层 FeedForward 的实现

```
1.  class FeedForward(nn.Module):
2.      def __init__(
3.          self,
4.          dim: int,
5.          hidden_dim: int,
6.          multiple_of: int,
7.          ...
8.      ):
9.          super().__init__()
10.         hidden_dim = int(2 * hidden_dim / 3)
11.         ...
12.         self.w1 = ColumnParallelLinear(dim, hidden_dim, bias=False)
13.         self.w2 = RowParallelLinear(hidden_dim, dim, bias=False)
14.         self.w3 = ColumnParallelLinear(dim, hidden_dim, bias=False)
15.     def forward(self, x):
16.         return self.w2(F.silu(self.w1(x)) * self.w3(x))
```

对核心代码实现的描述如下。

第 1~14 行：定义用于线性变换输入特征的权重矩阵 w1、w2 和 w3。

❑ w1 的输入维度为 dim，输出维度为 hidden_dim。其作用是将输入特征映射到一个更高维的空间，以增强表达能力。

❑ w2 的输入维度为 hidden_dim，输出维度为 dim。其作用是将前一个全连接算子映射到高维空间的特征重新映射回原始的特征维度，实现降维处理。

❑ w3 的输入维度和输出维度与 w1 的相同（分别为 dim 和 hidden_dim）。其作用是与 w1 的输出进行逐元素乘法运算，作为非线性变换的一部分。

第 15~16 行：激活函数与特征映射。

❑ F.silu 是 SiLU 激活函数，结果被应用在 w1(x) 的结果上，增强了非线性特征映射的效果。这是为了提升模型的表达能力和学习效率。

❑ w3(x) 的结果与 F.silu(self.w1(x)) 的结果逐元素相乘，提供了一种非线性变换方式，旨在通过结合不同的线性变换来增强特征的表示能力。

9.3.4 Transformer 层

前文所介绍的 Llama 2 模型中的各个功能模块将在 Transformer 层 TransformerBlock 中进行结合，多个 TransformerBlock 堆叠，最终形成 Llama 2 模型的完整架构，具体实现如代码清单 9-7 所示。

代码清单 9-7　Llama 2 模型中 TransformerBlock 的实现

```
1.  class TransformerBlock(nn.Module):
2.      def __init__(self, layer_id: int, args: ModelArgs):
3.          super().__init__()
4.          ... # 初始化层级（省略的部分包括自注意力机制、前馈神经网络等）
5.      def forward(
6.          self,
7.          x: torch.Tensor,
8.          start_pos: int,
9.          ...
10.     ):
11.         h = x + self.attention.forward(
12.             self.attention_norm(x), ...)
13.         out = h + self.feed_forward.forward(self.ffn_norm(h))
14.         return out
```

由于篇幅限制，我们没有详细展开每一层的具体定义。实现过程简单介绍如下。

1. 输入和自注意力机制

❑ attention_norm：输入张量 x 首先通过 attention_norm 算子进行均方根归一化处理。

❑ attention：均方根归一化后的张量进入多头自注意力层 attention。多头自注意力机制负责从输入中提取和加权特定的特征信息，并捕捉输入序列中各个位置之间的依赖关系。

2. 残差连接和前馈神经网络

❑ 残差连接：多头自注意力层的输出 h 与原始输入 x 相加，形成残差连接。

❑ ffn_norm：加上残差连接的结果 h 经过另一个均方根归一化算子 ffn_norm 处理，以确保数据的稳定性和一致性。

❑ feed_forward：均方根归一化后的结果送入前馈神经网络 feed_forward 进行进一步处理，前馈神经网络用于对每个位置的特征进行非线性变换。

3. 输出

在 TransformerBlock 的核心计算流程中，输入数据依次经过自注意力机制、前馈神经网络等模块的处理，最终输出经过这些处理的特征。TransformerBlock 内部处理过程如图 9-2 所示。

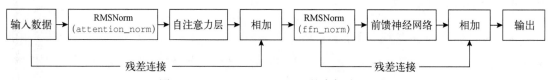

图 9-2　TransformerBlock 的内部处理过程

该过程简单解释如下。

❑ 将输入数据通过一个 RMSNorm 算子进行处理，经过自注意力层的计算得到一个中间结果。

❑ 将自注意力层的输出与输入数据（x）相加，形成残差连接。这有助于原始输入信息的保留和梯度的有效传播。

❑ 相加后的结果再次通过一个 RMSNorm 算子，并进入前馈神经网络进行处理。

❑ 将前馈神经网络的输出与通过前馈神经网络之前的特征相加，形成残差连接并得到最终输出，这一操作有助于在深层网络中保留信息并缓解梯度消失问题。

9.3.5　完整的 Transformer 解码器

Llama 2 模型的完整的 Transformer 解码器的主要组成部分或功能如下所示。

1. 词元嵌入

在这一过程中，每个词元都会被映射为一个特定的向量，这一映射操作借助预训练模型内部的一个嵌入矩阵来完成，它的每一行都对应于一个词元。嵌入矩阵本质上是模型参数集的一部分，并且在训练期间被持续优化以提升整体性能。在推理阶段，嵌入矩阵的参数被固化，不再更新，以确保模型能够稳定地将输入词元转换为最佳的向量表示。

2. 位置编码

在 Llama 2 模型中，采用的是旋转位置编码（Rotary Position Embedding，RoPE）。它参考了 GPTNeo 模型，去除了其绝对位置编码，在每一层网络中增加了旋转位置编码，目的是让模型能够学习到序列中元素之间的相对位置关系。

3. Transformer 层

我们会根据解码器模型的大小配置相应数量的 Transformer 层。在推理阶段，输入的特征数据将依次通过这些 Transformer 层的计算，并得到最终的输出。Transformer 层主要包括以下部分。

- 多头自注意力机制：利用多个注意力头来计算输入序列中词元之间的关系。
- 前馈神经网络：用于对每个词元对应的中间特征进行进一步的非线性变换。
- 均方根归一化：在自注意力机制和前馈神经网络之前进行，以稳定训练过程。
- 残差连接：在每个多头自注意力和前馈神经网络的前后添加，以帮助梯度在网络中更好地传播。

4. 输出预测

在输入序列经过模型中所有的 Transformer 层计算后，我们所获得的高维输出特征中包含输入序列的上下文信息以及语义结构。在解码阶段，为了生成最终的预测词序列，我们需要再次执行线性映射操作，把这些输出特征重新映射到和词表大小一致的维度上，从而得到一个输出概率矩阵。该矩阵每一行中不同位置上的值反映了模型预测该位置为相应词元的概率大小。

9.4 KuiperInfer 支持 Llama 2 推理

除了接下来将要讲解的对 Llama 2 模型推理的支持，KuiperInfer 框架还实现了对 Llama 3.x 模型推理的支持。支持 Llama 2 和 Llama 3.x 推理的全部实现代码请见 course9_Llama2。

9.4.1 加载模型文件

我们使用系统调用方法 mmap 加载大模型的权重文件。mmap 通过内存映射将一个或多个文件映射到进程的地址空间中，使得文件的内容可以直接作为进程内存的一部分来读写。与使用 read、write 方法相比，使用 mmap 处理权重文件具有以下优势。

(1) 文件经过 mmap 的内存映射，允许用户以字节为单位来访问。另外，程序可以直接在内存地址上进行操作，而不需要关心文件读写的位置，这使得对模型权重等二进制数据的随机访问变得更加简单和直观。

(2) 内存映射允许按需加载逐页数据，这样可以在有限的内存中处理更大的模型。也就是说，内存映射并不是将打开文件中的所有字节一次性读入内存，而是根据访问的位置分页读取。

(3) 使用 mmap 可减少数据复制次数。使用 read、write 方法读取文件时，需要将数据从内核缓冲区复制到用户空间的缓冲区，而内存映射避免了这种复制，通过将打开的文件直接映射到进程地址空间提高了数据访问速度。

加载权重文件的实现如代码清单 9-8 所示。

代码清单 9-8　加载权重文件

```
1.  // 大模型文件的路径
2.  char *filename = "large_model.bin";
3.
4.  // 以只读方式打开文件
5.  int fd = open(filename, O_RDONLY);
6.  if (fd == -1) {
7.      exit(EXIT_FAILURE);
8.  }
9.
10. // 映射文件到内存
11. void *mapped_address;
12. mapped_address = mmap(NULL, filesize, PROT_READ, MAP_PRIVATE, fd, 0);
13. if (mapped_address == MAP_FAILED) {
14.     exit(EXIT_FAILURE);
15. }
```

对核心代码实现的描述如下。

第 1~8 行：打开模型权重文件并获取文件描述符 fd。

第 11 行：将文件映射到本进程空间的内存。完成映射后，我们就可以像读取内存中的变量一样直接读取模型权重文件中的数据。

第 12 行：mapped_address 开始的位置是模型文件中的权重数据，我们可以通过 mapped_address 方法直接获取这些数据。具体实现请参见代码文件 kuiper/source/model/model.cpp 中的 read_model_file 方法。

模型文件中的权重数据以 mapped_address 作为起始地址，在加载这些权重数据之后，需要根据模型的架构和已经加载的权重数据创建模型的各个算子层。每个算子代表了模型中的一个特定操作，如全连接算子、多头自注意力算子、均方根归一化算子以及激活算子等。具体实现请参见代码文件 kuiper/source/model/llama.cpp 中的 Llama2Model::create_layers() 方法。

代码清单 9-9 展示了 Llama 模型中包含所有权重数据的算子。

代码清单 9-9　Llama 2 模型中各层及其权重的结构定义

```
1.   struct Llama2Layers {
2.       std::shared_ptr<op::Layer> add_layer_;
3.       std::shared_ptr<op::Layer> rope_layer_;
4.       std::shared_ptr<op::Layer> swiglu_layer_;
5.       std::shared_ptr<op::Layer> mha_layer_;
6.       std::vector<std::shared_ptr<op::Layer>> wq_layers_;
7.       std::vector<std::shared_ptr<op::Layer>> wk_layers_;
8.       std::vector<std::shared_ptr<op::Layer>> wv_layers_;
9.       std::vector<std::shared_ptr<op::Layer>> wo_layers_;
10.      std::vector<std::shared_ptr<op::Layer>> w1_layers_;
11.      std::vector<std::shared_ptr<op::Layer>> w2_layers_;
12.      std::vector<std::shared_ptr<op::Layer>> rmsnorm_layers_;
13.      std::vector<std::shared_ptr<op::Layer>> w3_layers_;
14.      std::shared_ptr<op::Layer> cls_layer_;
15.      std::shared_ptr<op::Layer> embedding_layer_;
16.      void to_cuda(std::shared_ptr<kernel::CudaConfig> config);
17.  };
```

对核心代码实现的描述如下。

第 2~5 行：定义了以下算子。

❑ add_layer_：加法算子，用于在 Llama 模型中实现残差连接。

❑ rope_layer_：旋转位置编码算子，用于为输入特征添加编码位置信息。

❑ swiglu_layer_：SwiGLU 算子，起到了非线性激活函数的作用。

❑ mha_layer_：多头自注意力算子，用于捕捉输入序列中词元之间的关联关系。

第 6~9 行：在多头自注意力机制里，它们分别是用于计算查询矩阵、键矩阵、值矩阵和输出矩阵的全连接算子。

第 10~13 行：定义数个用于前馈神经网络的算子。

❑ w1_layers_、w2_layers_、w3_layers_：分别是前馈神经网络中的第 1~3 个全连接算子。

❑ rmsnorm_layers_：对输入进行均方根标准化。

第 14 行：cls_layer_ 同样是一个全连接算子，它的作用是将高维特征转换成与词表维度相匹配的预测概率，以便于执行对下一个词元的预测任务。

第 15 行：embedding_layer_ 内含嵌入矩阵，用于将输入序列中的词元转换为高维度的向量表示。

以上算子都是 Layer 类的子类，它们根据各自的计算过程重写了 forward 方法。为了让大家进一步理解如何在推理框架中加载大模型的权重并创建相应的算子，我们来具体看看 create_layers 方法中的实现，如代码清单 9-10 所示。我们创建了一个用于计算查询矩阵的 wq 全连接算子。

代码清单 9-10　根据权重创建一个算子

```
1.  for (int32_t i = 0; i < config_->layer_num_; ++i) {
2.      auto wq = std::make_shared<op::MatmulLayer>(device_type_,
3.                                            dim, dim, true);
4.      wq->set_weight(0, {dim, dim}, mapped_address +
5.                        pos * sizeof(float), cpu_device_type);
6.      llama_layers_->wq_layers_.push_back(wq);
7.      pos = pos + dim * dim * sizeof(float);
8.  }
```

对核心代码实现的描述如下。

第 1 行：通过循环创建多个全连接算子实例 wq，config_->layer_num_ 确定了需要创建的算子个数。

第 2~3 行：对全连接算子 MatmulLayer 进行实例化操作，该算子将在自注意力机制中执行矩阵乘法操作以求取查询矩阵，实例化参数包括设备类型（device_type_）、矩阵维度（dim）以及是否为量化矩阵乘算子。

第 4~5 行：将权重加载到全连接算子 wq 中，这里的 0 表示当前加载的是算子的第一个权重，{dim, dim} 定义了该权重的形状，mapped_address + pos * sizeof(float) 用于定位当前权重在模型权重文件中的起始位置，cpu_device_type 指定权重的类型。

第 6 行：将新创建的 wq 算子添加到 wq_layers_ 数组中，以便后续处理。

第 7 行：调整 pos 变量，让它指向下一个权重数据的起始位置。为此，我们使用 dim * dim * sizeof(float) 来计算当前权重所占用的内存大小，从而确保 pos 能够准确地移动到下一个权重数据的起始位置。

9.4.2　模型的推理

当所有算子都按照代码清单 9-9 创建完毕后，我们将着手实现模型的推理过程，这一过程主要是通过 Llama2Model::forward 方法来完成的，具体步骤如下。

(1) 定义 forward 方法的接口及其参数，如代码清单 9-11 所示。

代码清单 9-11　模型的推理方法 forward

```
1.  Llama2Model::forward(
2.      const tensor::Tensor& input,
3.      const tensor::Tensor& pos_tensor,
4.      int& next
5.  )
```

推理方法 forward 接收以下参数。

❑ input：输入序列经过输入嵌入映射后得到的张量，它的维度为 seq * dim，seq 是输入序列中词元的数量。

❑ pos_tensor：输入序列中每个词元的位置索引。在自回归预测的过程中，pos_tensor 的值依次为 0、1、2、3，等等。

❑ next：用于存储当前时间步预测出的下一个词元的索引。

(2) 依次调用代码清单 9-9 中所列的各个算子，模型根据当前时间步的输入进行推理，以得到最终的结果，如代码清单 9-12 所示。

代码清单 9-12　模型推理方法中执行各层的操作

```
1.   base::Status Llama2Model::forward(const tensor::Tensor& input,
2.       const tensor::Tensor& pos_tensor, int& next) const {
3.       if (input.is_empty()) {
4.           return base::error::InvalidArgument("The input tensor is empty.");
5.       }
6.       for (int32_t layer_idx = 0; layer_idx < config_->layer_num_; ++layer_idx) {
7.           attention_rms(layer_idx, input);
8.           // attention (wq wk wv @ input)
9.           attention_qkv(layer_idx, pos_tensor);
10.          // multi-head attention
11.          attention_mha(layer_idx, pos_tensor);
12.          // feed forward
13.          feed_forward(layer_idx, input);
14.      }
15.      cls_logits(input);
16.      return base::error::Success();
17.  }
```

对核心代码实现的描述如下。

第 6 行：遍历计算所有的 Transformer 层，config_->layer_num_ 表示 Llama 模型中 Transformer 层的数量。

第 7 行：使用 attention_rms 方法，在对当前 Transformer 层进行多头自注意力计算之前，对输入张量实施均方根归一化操作。

第 9 行：使用 attention_qkv 方法计算当前 Transformer 层对应的查询矩阵、键矩阵和值矩阵。这些矩阵用于计算自注意力机制中的注意力分数。

第 11 行：attention_mha 方法就是多头自注意力机制的实现。attention_mha 将以 attention_qkv 方法中计算得到的查询矩阵、键矩阵和值矩阵作为输入，来计算多头自注意力的输出。

第 13 行：feed_forward 方法是当前 Transformer 层中的前馈神经网络计算过程。在 feed_foward 方法中，先将输入通过全连接算子映射到更高维度，接着在两个全连接算子之间进行非线性激活操作，之后再使用另一个全连接算子将输入映射回原始的输入维度。

第 15 行：在所有 Transformer 层的计算完成后，我们使用 cls_logits 方法将输出特征的维度映射到词表空间的大小上，以生成该模型在本时间步上的最终预测结果。

第 16 行：返回成功状态，表示模型在本时间步上的推理过程完成。

(3) 实现自注意力机制，如代码清单 9-13 所示。attention_qkv 方法用于计算查询矩阵、键矩阵和值矩阵。layer_idx 参数表示当前处理的是哪个 Transoformer 块，在方法的开始，我们需要用 get_buffer 来获取在计算中存放在缓存中的 query 矩阵，并在随后用以保存全连接算子 query_layer 的计算输出。

代码清单 9-13 计算 query、key 和 value 矩阵

```
1.  void Llama2Model::attention_qkv(
2.      int32_t layer_idx,
3.      const tensor::Tensor& pos_tensor
4.  ) const {
5.    CHECK(llama_layers_ != nullptr);
6.
7.    // 获取存放输出 query 矩阵的输出张量
8.    tensor::Tensor query = this->get_buffer(ModelBufferType::kQuery);
9.    int32_t pos = pos_tensor.index<int32_t>(0);
10.
11.   // 获取本时间步的键矩阵和值矩阵，前 k-1 步的已经在缓存中
12.   const auto& [key, val] = slice_kv_cache(layer_idx, pos);
13.
14.   // 计算 query 矩阵的算子 query_layer
15.   const auto& query_layer = llama_layers_->wq_layers_.at(layer_idx);
16.   CHECK_NE(query_layer, nullptr) << "The query layer in the attention block is null pointer.";
17.
18.   // 计算得到 query 矩阵，并存放到对应的张量中
19.   auto rmsnorm_output = get_buffer(ModelBufferType::kOutputRMSNorm);
20.   STATUS_CHECK(query_layer->forward(rmsnorm_output, query));
21.
22.   // 计算 key 矩阵的算子 key_layer
23.   const auto& key_layer = llama_layers_->wk_layers_.at(layer_idx);
24.   CHECK_NE(key_layer, nullptr) << "The key layer in the attention block is null pointer.";
25.
26.   // 计算得到 key 矩阵，并存放到对应的张量中
27.   STATUS_CHECK(key_layer->forward(rmsnorm_output, key));
28.
29.   // 计算得到 value 矩阵，并存放到对应的张量中
30.   const auto& value_layer = llama_layers_->wv_layers_.at(layer_idx);
31.   CHECK_NE(value_layer, nullptr) << "The value layer in the attention block is null pointer.";
32.   STATUS_CHECK(value_layer->forward(rmsnorm_output, val));
33.
34.   // 后续处理位置编码（待实现）
35. }
```

在 attention_qkv 方法中，先是获取 3 个全连接算子，分别是 query_layer、key_layer 和 value_layer，这 3 个算子在模型加载阶段已经被初始化并加载了权重。它们的作用是将经过均方根归一化处理的输入张量与各自的权重矩阵进行矩阵乘法运算，从而得到 query、key 和 value 矩阵（见第 14~31 行）。

值得注意的是，第 12 行的 slice_kv_cache 方法用于获取当前时间步的键矩阵和值矩阵的存储位置，并且在当前步的后续计算中将全连接算子的计算结果写入其中。这样做是为了避免重复计算，因为历史时间步对应的键矩阵和值矩阵已经在先前被计算出来，并且存储在预先分配好的缓存空间中。在执行多头自注意力计算时，我们将当前时间步计算得到的键矩阵与历史时间步的值矩阵拼接，就能避免重复计算。这一技术就是 9.2.5 节中提到的键–值对缓存技术。

（4）为了有效地处理输入文本或语句，我们需要实现一个嵌入算子。在自然语言处理模型中，输入嵌入算子用于将输入序列中的词元依次转换为对应的嵌入向量。每个词元都会被映射到一个具有固定大小的向量，该向量可以在一定程度上包含对应词元的语义信息。

实现词元的映射需要一个嵌入矩阵，它的形状为 (vocab_size, dim)，其中 vocab_size 是词表的大小，dim 是嵌入向量的维度。当我们输入一个单词词元的索引（index）时，该索引值的大小在 0~vocab_size-1。嵌入算子的主要任务是在嵌入矩阵中定位并获取与该索引对应的，具有 dim 维度大小的向量。代码清单 9-14 是一个嵌入算子的实现示例。

代码清单 9-14　嵌入算子的实现

```
1.  void emb_kernel_normal(const tensor::Tensor& input,
2.                         const tensor::Tensor& weight,
3.                         const tensor::Tensor& output,
4.                         int32_t vocab_size,
5.                         void* stream) {
6.      CHECK(!input.is_empty());
7.      CHECK(!weight.is_empty());
8.
9.      const int32_t input_num = static_cast<int32_t>(input.size());
10.     const int32_t weight_dim = weight.get_dim(1);
11.
12.     CHECK(weight.device_type() == output.device_type());
13.     CHECK(input.device_type() == base::DeviceType::kDeviceCPU);
14.
15.     const auto allocator = base::CPUDeviceAllocatorFactory::get_instance();
16.
17.     for (int32_t i = 0; i < input_num; ++i) {
18.         int32_t token = *input.ptr<int32_t>(i);
19.
20.         if (token > vocab_size) {
21.             LOG(FATAL) << "Token index is greater than vocab_size.";
22.         } else {
23.           float* dest_ptr = const_cast<float*>(output.ptr<float>(i * weight_dim));
24.         float* src_ptr = const_cast<float*>(weight.ptr<float>(token * weight_dim));
```

```
25.
26.                    if (weight.device_type() == base::DeviceType::kDeviceCPU) {
27.                      allocator->memcpy(src_ptr, dest_ptr, weight_dim * sizeof(float),
28.                                         base::MemcpyKind::kMemcpyCPU2CPU);
29.                    } else {
30.                      LOG(FATAL) << "Unknown device type of weight tensor in the embedding layer.";
31.                    }
32.                }
33.        }
34.  }
```

对核心代码实现的描述如下。

第 9 行：获取输入张量中词元的数量 input_num，也就是一个输入序列中词元的个数。

第 10 行：获取嵌入矩阵中每个嵌入向量的维度 weight_dim，它将用于计算嵌入向量在嵌入矩阵中的偏移量。

第 18 行：获取输入序列中当前的词元索引 token 变量（input 是一个包含词元索引的张量，通过 ptr<int32_t>(i) 获取第 i 个位置的词元索引值），为后续的嵌入向量查找做准备。

第 24 行：查找嵌入向量，将词元索引映射到具体的向量位置。根据词元索引 token 计算在嵌入矩阵 weight 中对应的嵌入向量的起始位置。token * weight_dim 用于计算词元在嵌入矩阵中的行偏移量，ptr<float>(...) 用于获取该行的指针。

第 27 行：将词元索引对应的嵌入向量复制到输出张量中。具体而言，就是把在嵌入矩阵 weight 中找到的向量复制到输出张量 output 的对应位置上。这里使用 memcpy 方法执行内存复制，src_ptr 是源位置，dest_ptr 是目标位置，weight_dim * sizeof(float) 是复制的字节数。

(5) 使用一个全连接算子将经过所有 Transformer 层计算的输出特征重新映射到与词表大小相同的维度空间中，其实现如代码清单 9-15 所示，其中 cls_logits 方法负责对多个 Transformer 层的输出特征进行映射。

代码清单 9-15　将输出特征映射回与词表大小相同的维度空间

```
1.  void Llama2Model::cls_logits(const tensor::Tensor& input) const {
2.      CHECK(llama_layers_ != nullptr);
3.      const auto& norm = llama_layers_->rmsnorm_layers_.at(2 * config_->layer_num_);
4.      CHECK_NE(norm, nullptr);
5.      STATUS_CHECK(norm->forward(input, input));
6.      tensor::Tensor forward_output = get_buffer(ModelBufferType::kForwardOutput);
7.      CHECK_NE(llama_layers_->cls_layer_, nullptr);
8.      STATUS_CHECK(llama_layers_->cls_layer_->forward(input, forward_output));
9.  }
```

对核心代码实现的描述如下。

第 5 行：利用 RMSNorm 算子对输入序列经过多个 Transformer 层计算后得到的输出执行均

方根归一化操作，确保输入张量在进入下一算子之前处于合适的范围，此处的输入和输出张量均为 input。

第 8 行：cls_layer 是一个全连接算子实例，它把经过 RMSNorm 算子归一化的输入特征映射回与词表大小相同的维度空间，该全连接算子负责将模型的输出特征转换成最终的概率分布，以便于后续的分类或生成任务使用。

▶ 完整的实现代码请参考 kuiper/source/model/llama2.cpp。

9.4.3　结果解码

在 forward 方法执行完毕并获得输出概率结果之后，进入大模型文本生成任务的一个关键步骤——结果解码，这一过程使用的是 argmax 采样方法。这种方法非常直观、简单，可以从模型输出的概率分布中选择概率最大的词元作为预测的下一个词。在代码清单 9-16 的 sample 方法中，我们用 STL 库中的 max_element 和 distance 方法找到输出概率中最大的值所在的迭代器的位置，然后通过计算该迭代器与数组起始位置的距离获得对应的下标，作为本轮预测的词元。

代码清单 9-16　对结果采样和解码

```
1.  size_t ArgmaxSampler::sample(const float* logits, size_t size, void* stream) {
2.      if (device_type_ == base::DeviceType::kDeviceCPU) {
3.        size_t next = std::distance(logits, std::max_element(logits, logits + size));
4.          return next;
5.      }
6.  }
```

9.4.4　大模型推理基础算子的实现

在执行推理的 forward 方法时，将会调用多次 attention_rms、attention_qkv 等方法，它们涉及的计算步骤需要多次调用以下 3 个关键算子来开展相应的运算。

❑ matmul：前馈神经网络和多头自注意力机制中的全连接算子，用于对输入特征执行线性变换。

❑ RMSNorm：作为一个归一化算子，RMSNorm 算子用于减小输入特征中的数值方差，进而提高模型的稳定性。

❑ softmax：负责将输入的数值向量转换为概率分布，以便模型能够进行有效的分类或序列预测。

接下来，我们将实现这些算子，这些算子同样是本书前文中提到的 Layer 类的子类，而 attention_qkv、attention_mha 等计算步骤中会同时使用一个或多个这样的算子完成相关的运算。我们以 RMSNorm 算子为例来介绍大模型中算子的实现方式，该算子的计算公式前面已经介绍过：

$$f(a_i) = \frac{a_i}{\text{RMS}(a_i)} \boldsymbol{g}_i, \text{RMS}(a_i) = \sqrt{\frac{1}{n}\sum_{i=1}^{n} a_i^2}$$

其中 a_i 是算子的输入张量，$\boldsymbol{g}_i$ 是算子的权重张量。

我们回顾一下算子的构成。算子既可以作为计算节点的一部分，归属于某个计算节点，负责执行具体的计算任务，也可以独立使用，直接读取输入张量，并依据特定规则进行运算，最终产生输出结果。在代码清单 9-17 中，rmsnorm_kernel_cpu 方法具有 3 个有效参数，依次用于存放输入张量、权重张量以及结果的输出张量，我们首先获取与该算子相关联的权重，接着将其转换为高效的向量形式。

代码清单 9-17　实现 RMSNorm 算子（一）

```
1.   void rmsnorm_kernel_cpu(const tensor::Tensor& input, const tensor::Tensor& weight,
2.                          const tensor::Tensor& output, void* stream) {
3.       const float* in_ptr = input.ptr<float>();
4.       const float* wei_ptr = weight.ptr<float>();
5.       const float* out_ptr = output.ptr<float>();
6.       const int32_t dim = static_cast<int32_t>(input.size());
7.
8.       arma::fvec in_tensor(const_cast<float*>(in_ptr), dim, false, true);
9.       arma::fvec out_tensor(const_cast<float*>(out_ptr), dim, false, true);
10.      arma::fvec wei_tensor(const_cast<float*>(wei_ptr), dim, false, true);
```

该方法首先获取输入张量和权重张量对应的数据指针 in_ptr 和 wei_ptr，并基于这两个数据构建输入向量和权重向量 in_tensor 和 wei_tensor，这里使用的向量数据结构 arma::fvec 由 Armadillo 数学库提供，专门用于浮点型数据的向量运算。

接下来进入计算环节，均方根归一化算子的实现如代码清单 9-18 所示。

代码清单 9-18　实现 RMSNorm 算子（二）

```
1.   void rmsnorm_kernel_cpu(const tensor::Tensor& input, const tensor::Tensor& weight,
     const tensor::Tensor& output, void* stream) {
2.       // ...
3.       const float mean = arma::as_scalar(arma::mean(arma::pow(in_tensor, 2))) + eps;
4.       const float rsqrt = 1.f / std::sqrt(mean);
5.       out_tensor = wei_tensor % (rsqrt * in_tensor);
```

对核心代码实现的描述如下。

第 3 行：首先计算 input_vec 中每个元素的平方值 arma::pow(in_tensor, 2)，然后计算这些平方值的均值，结果存储在 mean 中。

第 4 行：计算归一化因子 rsqrt。在此之前，为了防止除数为 0，需要在第 3 行中为均值 mean

加上一个极小的常数 eps，然后计算该均值的平方根，最后用 1 除以这个平方根得到归一化因子。

第 5 行：将输入向量 in_tensor 与归一化因子 rsqrt 相乘，然后将结果与权重向量 wei_tensor 逐元素相乘，计算结果存储在输出 out_tensor 中。

同理，可实现 softmax 算子，如代码清单 9-19 所示。

代码清单 9-19　softmax 算子的实现

```
1.  void softmax_inplace_cpu(const tensor::Tensor& input, void* stream) {
2.      int32_t size = static_cast<int32_t>(input.size());
3.      const float* input_ptr = input.ptr<float>();
4.      float max_value = *std::max_element(input_ptr, input_ptr + size);
5.      arma::fvec input_mat(const_cast<float*>(input_ptr), size, false, true);
6.      input_mat = arma::exp(input_mat - max_value);
7.      float sum_value = arma::sum(input_mat);
8.      input_mat = input_mat / sum_value;
9.  }
```

对核心代码实现的描述如下。

第 4 行：input_ptr 是输入张量的起始地址，size 是输入张量中的元素个数，此处我们通过 std::max_element 函数找出输入张量中的最大值 max_value。

第 6 行：将输入张量的每个元素减去 max_value（这是一种常见的数值稳定性处理），然后计算 e 关于该元素的指数。

第 7 行：计算经过指数运算的所有元素的总和 sum_value，用于在下一步中对每个元素进行归一化，以确保 softmax 的输出满足概率分布的性质。

第 8 行：将输入张量中的每个元素除以 sum_value，得到最终的 softmax 输出。这一步将每个元素转换为对应的概率值，确保输出张量的元素之和为 1，另外每个元素值的范围都在[0, 1]，符合 softmax 运算的定义。

9.4.5　推理演示

KuiperInfer 支持 Llama 2 推理的工作已经完成。接下来，我们进行一个生成文本的推理演示。

在 course9_Llama2/demo 中找到并打开 main.cpp 文件，执行 main 方法。推理演示过程概括如下。

1. 设置模型权重文件的路径

模型权重文件的路径通过命令行传递，核心实现见代码清单 9-20。

代码清单 9-20　传递并加载模型权重文件

```
1.  const char* checkpoint_path = argv[1];  // e.g. out/model.bin
2.  const char* tokenizer_path = argv[2];
3.
4.  model::LLama2Model model(
5.      base::TokenizerType::kEncodeBpe,
6.      tokenizer_path,
7.      checkpoint_path,
8.      false
9.  );
```

在第 4 行的 `model` 初始化方法里，我们对模型权重文件执行内存映射 `mmap` 操作以加载权重文件中的权重数据，然后使用这些权重数据依次创建各个算子，用于后续的推理工作。

2. 处理输入提示词

在推理过程中，首先需要对输入序列中的提示词进行预处理，即将初始的提示词转换成一系列的词元序列。紧接着，这些词元会被进一步编码成嵌入向量，以便模型能够基于这些向量进行有效的推理。这一关键步骤的具体实现可参考代码清单 9-21。

代码清单 9-21　推理演示中对输入序列中提示词的处理

```
1.  auto tokens = model.encode(sentence);
2.  int32_t prompt_len = tokens.size();
3.  LOG_IF(FATAL, tokens.empty()) << "The tokens is empty.";
4.
5.  int32_t pos = 0;
6.  int32_t next = -1;
7.  const auto& prompt_embedding = model.embedding(tokens);
```

把输入序列中的词元数组转换为嵌入向量 `propt_embedding`，这一操作我们在代码清单 9-14 中已经介绍了实现流程。同时，我们还对当前步中的自回归步变量 pos 和预测词元 next 进行了初始化。

3. 模型预测

在调用 model.predict 方法时，我们将当前正在处理词元对应的嵌入向量当作输入传递给模型，模型会预测出下一个最合适的词元，将其作为下一个输出，记作变量 next。核心实现见代码清单 9-22。此外，我们还会根据当前自回归步骤来区分 prompt 阶段和 generate 阶段。具体来说，如果当前的步长 pos 小于提示词的长度 prompt_len，则处于 prompt 阶段；一旦步长大于或等于提示词的长度，推理进入 generate 阶段。这两个阶段的主要区别在于，在 generate 阶段模型才会实际预测得到新的词元以形成文本内容。

代码清单 9-22　推理演示中对输入的推理预测

```
1.  while (pos < total_steps) {
2.      pos_tensor.index<int32_t>(0) = pos;
3.      if (pos < prompt_len - 1) {
4.          tensor::Tensor input = model.fill_input(pos_tensor, prompt_embedding,
                                                    is_prompt);
5.          model.predict(input, pos_tensor, is_prompt, next);
6.      } else {
7.          is_prompt = false;
8.          tokens = std::vector<int32_t>{next};
9.          const auto& token_embedding = model.embedding(tokens);
10.         tensor::Tensor input = model.fill_input(pos_tensor, token_embedding,
                                                    is_prompt);
11.         model.predict(input, pos_tensor, is_prompt, next);
12.     }
13. }
```

4. 迭代生成文本

重复上述步骤，直至达到指定的迭代次数（total steps）或者遇到结束词元（is_sentence_ending），核心实现见代码清单 9-23。依据模型的预测概率分布，我们选择其中预测概率最大的词元 next，并将该词元添加到已生成的词元序列（words）中。

代码清单 9-23　推理演示中迭代生成文本的过程

```
1.  while (pos < total_steps) {
2.      ... // 省略模型推理的步骤
3.      if (is_prompt) {
4.          words.push_back(next);
5.      } else {
6.          words.push_back(next);
7.      }
8.      if (model.is_sentence_ending(next)) {
9.          break;
10.     }
11.     pos += 1;
12. }
```

5. 输出结果

将上述步骤中通过自回归模型生成的词元序列 words，依据词表再次解码为可读的文本格式，以呈现最终的生成结果，如代码清单 9-24 所示。

代码清单 9-24　将词元序列转换为输出结果

```
1.  if (need_output) {
2.      printf("%s ", model.decode(words).data());
3.      fflush(stdout);
4.  }
```

通过上述步骤，我们可以看到自制模型从准备到执行的整个推理过程。

9.5 小结

本章首先对大模型展开了深入且模块化的阐述。从输入嵌入算子着手，逐步探究了位置编码、自注意力机制、前馈神经网络等关键部分，以及为优化计算效率而设的键-值对缓存、残差连接和层归一化技术。

随后，我们了解了 Llama 2 模型的核心算子，如 RMSNorm 算子、多头自注意力机制以及 FeedForward 算子的实现原理。这些算子按顺序组合在一起，共同为模型的强大功能提供支持。

最后，我们步入实践环节，使自制框架支持 Llama 2 推理。在核心实现代码里，我们达成了词元嵌入算子、自注意力模块 attention_qkv 以及多头自注意力模块 attention_mha 的实现。借助 Transformer 层的输出，我们生成了与词表大小相对应的概率分布，并依据此向量预测下一个出现概率最大的词元。正是这些模块之间的协同运作，让 Llama 2 模型能够高效地执行文本生成任务。